分散システムデザインパターン

コンテナを使ったスケーラブルなサービスの設計

Brendan Burns　著

松浦 隼人　訳

Designing Distributed Systems

Patterns and Paradigms for Scalable, Reliable Services

Brendan Burns

Beijing • Boston • Farnham • Sebastopol • Tokyo

まえがき

この本を読むべき人

今や、ほとんどすべての開発者は、分散システムの開発者か、分散システムを使う開発者か、あるいはその両方でしょう。比較的単純なモバイルアプリケーションですら、顧客が持っているデバイス上でデータが使用できるよう、クラウドAPIを使っています。あなたがこれから分散システムの開発を始めようとしていても、経験を積んだエキスパートでも、この本に書かれたパターンやコンポーネントは、分散システムの開発をアートから科学に変えるでしょう。分散システムにおける再利用可能なコンポーネントやパターンを使うことで、あなたはアプリケーションの根幹の詳細部分に焦点を当てられるようになります。この本は、どんな開発者にも、よりよく、より早く、より効率的に分散システムを構築できる力を与えます。

この本を書いた理由

私は、Web検索からクラウドまで、さまざまなソフトウェアシステムに関わってきた開発者としてのキャリアを通じて、スケーラブルで信頼性の高いたくさんの分散システムを作ってきました。これらのシステムの多くは、ゼロから作られたものです。これは一般的に、すべての分散アプリケーションに当てはまります。同じようなコンセプト、あるいはほとんど同じロジックを使うにもかかわらず、分散システムを構築する際にパターンを当てはめたりコンポーネントを再利用するのは、非常に難しいことです。そのせいで、システムを実装し直すのに時間を無駄にしたり、本来あるべきよりも洗練されていないシステムになってしまったことがありました。

近年コンテナやコンテナオーケストレータが導入されたことで、分散システム開発の状況は根本から変わりました。主な分散システムのパターンを表現したり、再利用可能なコンテナのコンポーネントを作ったりする、オブジェクトとインタフェイスを手に入れたのです。もっと早くよりよいシステムを作れるよう、分散システムを実践するすべての人たちに共通言語と共通の標準ライブラリを提供するために、私はこの本を書きました。

分散システムの世界の現在

昔々、人々はある1台のマシン上で動き、そのマシンからだけアクセスされるプログラムを書いていました。しかし世界は変わりました。今では、ほとんどすべてのアプリケーションは複数のマシン上で動く**分散システム**であり、世界中に散らばった複数のユーザがアクセスするものになっています。それほど普及しているにもかかわらず、この種のシステムのデザインと開発は、一部の魔法使いのような専門家によって行われる黒魔術のようなことがよくあります。しかし他のテクノロジの例と同じく、分散システムの世界も進歩し、標準化され、抽象化されつつあります。この本で私は、信頼性の高い分散システムの開発がもっと親しみやすく効率のよいものになるような、繰り返し使える汎用的なパターンを集めました。パターンや再利用可能なコンポーネントを使うことで、開発者が同じシステムを何度も実装しなくてもよくなります。その空いた時間は、コアアプリケーション自体を開発するのに使えるようになるのです。

この本の構成

この本は、以下のように4つの部分から構成されています。

1章 はじめに

分散システムとは何かを紹介し、信頼性の高い分散システムを高速に開発するためにパターンや再利用可能なコンポーネントを使うと、なぜ大きな違いが生まれるのかを説明します。

第I部 シングルノードパターン

2章から4章では、分散システム内の個別のノード上に存在する、再利用可能なパターンやコンポーネントについて説明します。サイドカー、アダプタ、アンバサダといったシングルノードパターンを取り上げます。

第Ⅱ部　マルチノードパターン

5章から9章では、Webアプリケーションのような継続的にサービスを提供するシステムを対象とした、マルチノードの分散パターンを説明します。レプリケーション、スケール、マスタ選択のパターンを取り上げます。

第Ⅲ部　バッチ処理パターン

10章から12章では、ワークキュー、イベント駆動処理、ワークフローの統合を含む、大規模なバッチデータ処理の分散システムパターンを取り上げます。

あなたが経験豊富な分散システムエンジニアなら、最初の数章は飛ばしてもよいかもしれません。ざっと読んで、著者がどのようにパターンを適用していくか、なぜ分散システムパターンの一般的表現がなぜそんなに重要だと考えているのかを理解するのもよいでしょう。

シングルノードの各パターンは、この本の中でも最も一般的で再利用しやすいパターンなので、あらゆる人に有用性があるはずです。

目的や開発しようとしているシステムによって、継続的にサービスを提供するサーバのパターン、あるいは大規模なビッグデータのパターンを選んで焦点を当ててもよいでしょう。2つの部分は独立していて、別々に読むことができます。

また、分散システムに関して多くの経験があるなら、はじめの方の章に書かれたパターン（例えば第Ⅱ部の名前付け、ディスカバリ、ロードバランシングなど）はすでに知っていることかもしれません。それなら高いレベルでの理解を得るためにざっと読むだけでもよいですが、素敵な図だけは目を通すのを忘れないで下さい。

この本で使用する慣例

この本では、次のフォントを使用します。

太字

新しい用語、重要な用語などを表します。

`等幅`

プログラムの内容、または本文中でプログラムの要素、例えば変数名や関数名、データベース、データ型、環境変数、宣言、キーワードなどを参照する際に使用します。

等幅の太字

コマンドなど、表記どおりにユーザに入力されるべきものを表示します。

このアイコンは、Tips、提案を意味します。

このアイコンは、一般的なメモを意味します。

このアイコンは、警告または注意を示します。

オンラインリソース

この本では、一般的に応用できる分散システムのパターンを扱っていますが、読者はコンテナやコンテナオーケストレーションシステムを知っていることを前提としています。もしそれらについて事前知識があまりない場合、以下のリソースを確認することをおすすめします。

- https://www.docker.com
- https://kubernetes.io
- https://dcos.io

サンプルコードの使用

補足資料（サンプルコード、例題など）は、https://github.com/brendandburns/designing-distributed-systemsからダウンロードできます[†1]。

†1　訳注：日本語版独自の情報として、原著の間違いなどを修正するなどしたサンプルコードをhttps://github.com/doublemarket/designing-distributed-systemsからダウンロードできます。

この本は、あなたの仕事を終わらせる手伝いをするためにあります。一般的に、この本と一緒にサンプルコードが提供されているなら、あなたが作成するプログラムやドキュメントの中でそのサンプルコードを使用できます。相当量のコードを転載するのでなければ、著者に許可を求める必要はありません。例えば、この本からいくつかのコードのかたまりを利用してプログラムを書くなら、許可は不要です。サンプルコードをCD-ROMにして販売したり配布したりするには、許可が必要です。この本からのサンプルコードの相当量をあなたが作成するプログラムに組み込むなら、許可が必要になります。

出典を明らかにするのは歓迎しますが、必須ではありません。出典は通常、本のタイトル、著者、出版社、ISBNコードから構成されます。例えば、"Designing Distributed Systems"（Brendan Burns、O'Reilly、978-1-491-98364-5、日本語版『分散システムデザインパターン』オライリー・ジャパン、ISBN978-4-87311-875-8）といったかたちです。

もしサンプルコードの使用がフェアユースあるいは上記の許可の範囲外になる恐れを感じたら、permissions@oreilly.comに英語で連絡して下さい。

お問い合わせ

本書に関する意見、質問等はオライリー・ジャパンまでお寄せください。連絡先は次の通りです。

株式会社オライリー・ジャパン
電子メール　japan@oreilly.co.jp

この本のWebページには、正誤表やコード例などの追加情報が掲載されています。次のURLを参照してください。

https://shop.oreilly.com/product/0636920072768.do（原書）
https://www.oreilly.co.jp/books/9784873118758（和書）

この本に関する技術的な質問や意見は、次の宛先に電子メール（英文）を送ってください。

bookquestions@oreilly.com

オライリーに関するその他の情報については、次のオライリーのWebサイトを参照してください。

https://www.oreilly.co.jp
https://www.oreilly.com/（英語）

謝辞

私をいつも幸せで健全でいさせてくれるようあらゆることをしてくれた、妻Robinと子供たちに感謝します。たくさんのことを学んでいく手助けをするのに時間を割いてくれたすべての人たち、どうもありがとう。そして、私に最初のSE/30をくれた両親に、ありがとう。

目次

1章
はじめに

今日のアプリケーションやAPIは常に動き続け、以前はごく少数のミッションクリティカルなサービスだけに求められていた可用性と信頼性が今や必要条件になっています。同様に、口コミによる急速なサービス成長の可能性があるので、どんなアプリケーションもユーザの要求に応えて直ちにスケールするよう作られなければなりません。このような制約や必要条件があることで、これから作られるアプリケーションはすべて、それが消費者向けのモバイルアプリケーションであるか、バックエンドの課金アプリケーションであるかに関わらず、分散システムである必要があります。

しかし、分散システムの構築は困難です。システムは1回限りのオーダーメードなものである場合も多いでしょう。その場合の分散システムの開発は、モダンなオブジェクト指向プログラミング言語の発展より前のソフトウェア開発によく似たものになります。幸いにも、オブジェクト指向言語の発展過程と同じように、分散システムの構築の難しさを劇的に低減する技術的な進歩がありました。それは、コンテナとコンテナオーケストレータが広く使われるようになったことです。オブジェクト指向プログラミングにおけるオブジェクトと同じく、構成要素がコンテナ化されることで、信頼性の高い分散システムを構築する方法が非常にシンプルで分かりやすくなります。そのため、コンテナは再利用可能なコンポーネントあるいはパターンを作る基本になります。この章では、現在に至る開発の歴史の概略を述べます。

1.1 システム開発の歴史概観

初期の頃は、射撃表や潮の満ち引きの計算、暗号解読、またそれ以外の正確さが求められて複雑だけれども決まった手順の数学的計算のアプリケーションといった、特定用途向けのマシンが使われていました。その後、こういった専用のマシンは汎用的でプログラマブルなマシンへと発展しました。さらに、同時に1つのプログラムしか実行できなかったものが、タイムシェアリングオペレーティングシステムを使うことで1台のマシンで複数のプログラムを同時に実行できるようになりました。しかし、各マシンはそれぞれ独立したままでした。

それから徐々に、マシン同士がネットワークで接続されるようになり、机上に置いた比較的低スペックのマシンから他の部屋や建物にあるメインフレームの大きなリソースを活用できるよう、クライアントサーバアーキテクチャが生まれました。1台のマシン向けにプログラムを書くよりは、クライアントサーバプログラミングの方がより複雑ではありますが、まだかなり素直に理解できるものではありました。クライアントはリクエストを送り、サーバはそのリクエストを処理すればいいだけです。

2000年代の初め、インターネットと、ネットワーク接続された比較的安価なコンピュータ群で構成された巨大データセンタの進歩によって、**分散システム**が広く発展するようになりました。クライアントサーバアーキテクチャと違って分散システムアプリケーションは、別々のマシン上で動く複数の異なるアプリケーション、あるいはあるアプリケーションのレプリカが相互に通信し合うことによって、Web検索や小売のプラットフォームのようなシステムを実装するものです。

その分散の仕組みがゆえに、きちんとした構成にすれば、分散システムは信頼性の高いものになります。正しく設計することで、システムを構築するソフトウェアエンジニアのチームにとっても、スケーラブルな組織モデルを作ることに繋がります。しかし残念ながらこういった利点を得るには高くつきます。設計、構築、デバッグを正しく行うには、分散システムの設計があまりに複雑になる可能性が高いのです。モバイルやWebのフロントエンドのようなシングルマシンのアプリケーションを作るのに必要なスキルと比べて、信頼性の高い分散システムを構築するには、ずっと高いエンジニアリングスキルが必要とされます。その一方で、信頼性の高い分散システムのニーズは大きくなるばかりです。そのため、分散システムを作るためのツール、パターン、慣例といったものに対する必要性も高まっています。

幸いにも、テクノロジによって分散システムは簡単に作れるようになってきました。信頼性の高い分散システムの基盤であり構成要素であるがゆえに、コンテナやコンテナイメージ、コンテナオーケストレータは、この数年でどれも広く使われるようになっています。コンテナとコンテナオーケストレータを基盤として使えば、決まったパターンと再利用可能なコンポーネントの集まりを作れます。このようなパターンやコンポーネントは、システムをより信頼性が高く、より効率的にするためのツールキットになります。

1.2 ソフトウェア開発におけるパターンの歴史概観

ソフトウェア産業において、このような変革が起きるのは初めてではありません。パターン、慣例、再利用可能なコンポーネントといった考え方が、これまでどのようにシステム開発を変えたのかの背景をよく知るには、同じような変革が起きた過去を見てみるのがよいでしょう。

1.2.1 アルゴリズムによるプログラミングの形式化

Donald Knuthによる『The Art of Computer Programming』（アスキードワンゴ、原書 “The Art of Computer Programming” Addison-Wesley Professional）が出版される10年以上も前からプログラミングは行われていたものの、この本はコンピュータ科学の進歩の重要な1歩を刻んでいます。特にこの本では、特定のコンピュータ向けにデザインされたアルゴリズムが書かれているのではなく、読者にアルゴリズム自体を教えています。そのためこれらのアルゴリズムは、利用しているマシンのアーキテクチャや、読者が解決しようとする問題に適用できるようになっていたのです。プログラムを作る上での共通のツール集になるというだけでなく、プログラマが知るべき汎用的な考え方があり、さらにそれをさまざまな文脈で利用できることを示したという点で、このような形式化は重要でした。理解すべきは、解決しようとするそれぞれの問題からは切り離して考えることのできるアルゴリズム自体だったのです。

1.2.2 オブジェクト指向プログラミングのパターン

Knuthの本は、コンピュータプログラミングの考え方において大きな進歩になり、アルゴリズムはコンピュータプログラミングの進歩の重要な要素になることを表しました。しかし、プログラムが複雑になっていき、プログラムを書く人の人数が1桁、2桁、そして何千人と増えていくにつれて、手続き型プログラミング言語とアルゴリズムは、現代的なプログラミングのタスクには不十分なことが分かってきました。このような変化は、コンピュータプログラムにおいてデータ、再利用性、拡張性をアルゴリズムと対になるものに高める、オブジェクト指向プログラミング言語の発達につながりました。

コンピュータプログラミングのこのような変化に対応して、プログラミングにおけるパターンや慣習にも変化がありました。1990年代前半には、オブジェクト指向プログラミングのパターンに関する本が爆発的に出版されました。中でも最も有名なのが、「ギャング・オブ・フォー（gang of four）」本として知られる、Erich Gammaらによる『オブジェクト指向における再利用のためのデザインパターン』（SBクリエイティブ、原書“Design Patterns: Elements of Reusable Object-Oriented Programming” Addison-Wesley Professional）です。この本では、プログラミングのタスクに共通言語とフレームワークをもたらし、さまざまな場面で使いまわせるインタフェイスベースのパターンの数々が書かれています。オブジェクト指向プログラミング、中でも特にインタフェイスが発展したことにより、これらのパターンは汎用的で再利用可能なライブラリとしても実装できるものでした。そういったライブラリは開発者のコミュニティによって一度書かれると、繰り返し使い回されることになり、時間の節約と信頼性向上に役立ちました。

1.2.3 オープンソースソフトウェアの隆盛

開発者がソースコードを共有するという考え方はコンピューティングが始まった頃からあり、フリーソフトウェアの正式な組織も1980年代中頃から存在していました。しかし、オープンソースソフトウェアの開発や配布が劇的に増えたのは、1990年代の終わりから2000年代にかけてでした。オープンソースは、分散システムのパターンの発展に直接関連しているわけではありません。しかし、分散システムの発展はオープンソースコミュニティを通じたものであり、ソフトウェア開発一般、中でも特に分散システムの開発がコミュニティによる努力によるものという認識が広まってきていたという点で重要です。この本で書かれているパターンの基礎になっているコンテナ技術のすべては、オープンソースソフトウェアとして開発され、リリースされているのは、特筆すべき点です。分散システム開発のやり方を記述したり改善するパターンの価値は、コミュニティの観点から考えると特にはっきりします。

分散システムのパターンとは何でしょうか？　特定の分散システム（例えばNoSQLデータベースなど）のインストール手順は、世の中にたくさんあります。また、まとまったシステム（MEANスタックなど）を作る手順も存在しています。しかしここでいうパターンとは、特定の技術やアプリケーションの選択を必須としない、分散システム構築の設計図です。パ

ターンの目的は、デザインの手助けになる、一般的な助言や仕組みを提供することです。このようなパターンが、皆さんが考える上での手助けになり、幅広いアプリケーションや環境に一般的に適用できることを願っています。

1.3　パターン、慣習、コンポーネントの価値

皆さんの開発手法を改善するパターンを学ぶ前に、「なぜ？」と問いかけるという新しいスキルを身につけましょう。ソフトウェアをデザインし構築する方法を変えられるようなデザインパターンや手法とは何でしょうか。この節では、パターンの話が重要である理由を述べ、それによって皆さんがこの本の残りの部分を読んでくれるよう説得しようと思います。

1.3.1　巨人の肩の上に立つ

まず始めに、分散システムのパターンがもたらす価値はすなわち、巨人の肩の上に立つチャンスだと例えられます。解決しようとしている問題や作ろうとしているシステムが、唯一無二のものであることはほとんどありません。突き詰めれば、集めた部品の組み合わせやソフトウェアによって可能になるビジネスモデル自体の方が、世界に類のないものかもしれません。しかし、システムを作ったり、信頼性高く、すばやく、スケーラブルにしようとするに際に遭遇する問題は、目新しいものではありません。

これがパターンの価値の1つめです。つまり、パターンによって人の失敗から学べるようになります。あなたは今まで分散システムを構築したことがないか、あるいは特定のタイプの分散システムは構築したことがないかもしれません。同僚がその分野ですでに経験を積んでいることを期待したり、他の人がすでに経験した間違いを犯しながら学んでいくよりも、パターンを手助けに使えるのです。分散システム開発のパターンを学ぶことは、コンピュータプログラミングのベストプラクティスを学ぶのと同じことです。あるシステムにおける経験、失敗、まず最初に体系化が必要な学習といったことを必要とせず、システムを構築する能力を高めてくれます。

1.3.2　1つのやり方を議論するための共通言語

分散システムを学んだり理解を深めたりするのは、パターンの共通する集合を持つ

ことの価値の1つでしかありません。パターンは、すでに分散システムを理解している経験ある開発者にとっても価値があります。パターンは、相互理解をすばやく深めるための共通のボキャブラリになります。このような相互理解によって、知識の共有やさらに深い学びが得られます。

この点をさらに理解するため、私たちは家を作るのに同じ部品を使っていると考えましょう。私はその部品を「Foo」と呼び、あなたはそれを「Bar」と呼んでいます。FooとBarの価値を議論したり、FooとBarの異なる特性を説明したりした結果、実は同じ部品について話していることに気づくまでに、いったいどれくらいの時間が必要でしょうか。FooとBarが同じものであると分からないと、お互いの経験から学ぶことはできません。

共通のボキャブラリがないと、「violent agreement[†1]」の議論に陥ってしまったり、理解はされているが違った名前で認識されているものを説明することになってしまいます。したがって、パターンの価値の2つめは、共通の名前と定義を提供することで、ネーミングに悩んで時間を無駄にすることなく、本題に入って本来考えるべき詳細や実装の議論ができることです。

私がコンテナに関わってきた短い時間の中でも、このようなことが起こるのを見てきました。**サイドカー**コンテナ（2章で詳しく説明します）の考え方は、コンテナコミュニティで広く受け入れられました。そのため、サイドカーとはどんな意味かを考えるのに時間を使わなくてよくなり、代わりにこの考え方をどのように実問題の解決に利用できるかを考えられるようになりました。「サイドカーを使えば……」「うん、それにはこのコンテナが使えるよ」 つまり、再利用可能なコンポーネントを作るという、パターンの3つめの価値にも繋がります。

1.3.3 簡単に再利用できる共有コンポーネント

パターンを利用することで、人々が他の人から学べるようになったり、システム構築法を議論するための共通ボキャブラリを提供することに加え、別の点でもコンピュータプログラミングに別の重要なツールになり得ます。それは、1度だけ実装すればよい共通コンポーネントを見つけられるという点です。

プログラムで使用するコードのすべてを自分で書かねばならないとしたら、いつまで経っても完成には至りません。実際、始めるだけで精いっぱいでしょう。書かれる

†1 訳注：お互い言い争っているつもりだけれど、実はすでに合意している、あるいは言っていることは同じになってしまっていること。

すべてのコードは、長い間に渡る人類の努力の上に成り立っているのです。OS、プリンタドライバ、分散データベース、コンテナランタイム、コンテナオーケストレータなど、私たちが作るあらゆるアプリケーションは、再利用可能な共有ライブラリやコンポーネントを使用して作られています。

パターンは、このような再利用可能なコンポーネントを定義したり開発したりする基礎になります。アルゴリズムの形式化は、ソートなどの標準的アルゴリズムの再利用可能な実装を作ることに繋がりました。インタフェイスベースのパターンを明らかにすることで、これらのパターンを実装した汎用的でオブジェクト指向なライブラリが生み出されたのです。

分散システムの主なパターンを明らかにすることで、共有された共通コンポーネントを作れるようになります。HTTPベースのインタフェイスを持つコンテナイメージとしてこのようなパターンを実装すると、いろいろなプログラミング言語でこれらのパターンを利用できることになります。パターンを起点としてコードベースを共有すると、バグや脆弱性を特定できるほどたくさん利用されることになり、その修正がされるような注目も得られます。つまり、再利用可能なコンポーネントを作ることで、各コンポーネントの品質も向上します。

1.4 まとめ

分散システムにおいては、モダンなコンピュータプログラムに期待される信頼性、すばやさ、スケーラビリティを実装することが求められます。分散システムのデザインは、専門家以外の人にも利用可能な科学ではなく、魔法使いによる黒魔術であり続けています。共通のパターンややり方を明らかにすることで、アルゴリズムによる開発やオブジェクト指向プログラミングのやり方を公式化し、改善できます。それと同じことを分散システムでやるのが、この本のゴールです。さあ始めましょう。

第Ⅰ部 シングルノードパターン

この本の主題は、分散システムです。分散システムとは、多数の別々のマシン上で動く、複数の異なるコンポーネントから構成されるアプリケーションです。しかし、この本の最初の部分では、1台のマシンで動く場合のパターンを取り上げます。その理由は簡単です。コンテナはこの本に書かれているパターンの基礎になる構成要素であり、1台のマシン上に一緒に配置されたコンテナのグループは、分散システムのパターンのアトミックな要素を構成するものだからです。

Ⅰ.1 シングルノードパターンを使う理由

分散アプリケーションを別々のマシン上で動く別々のコンテナの集まりに分割する必要性については分かりやすいでしょう。しかし、1台のマシン上で動いているコンポーネントを別々のコンテナに分割する必要性は分かりにくいかもしれません。この動機を理解するには、コンテナ化のゴールを考える必要があります。一般的には、一定のリソース（このアプリケーションは2 CPUコアと8GBのメモリが必要、と言った例）に境界を設けるのがコンテナのゴールです。これは、チームのオーナーシップの境界（このチームはこのコンテナイメージを管理している、など）でもあります。さらに、関心の分離（separation of concerns）のための境界（あることだけをやるためのコンテナイメージ、など）でもあります。

これらが、1台のマシン上のアプリケーションをコンテナの集まりに分割する理由です。リソースの分離をまず最初に考えましょう。例として、あるアプリケーションが、ユーザ向けのアプリケーションサーバと、バックグラウンドの設定ファイル読み込みサーバという、2つのコンポーネントから構成されているとします。エンドユーザに対するリクエストのレイテンシが最優先なのは明らかなので、ユーザ向けのアプリケーションは、常に応答可能なように十分なリソースを確保している必要があります。一方で、ユーザからのリクエストが多い時には少しぐらい処理が遅れてもシステムとしては問題ないという点で、バックグラウンドの設定読み込みサーバは、普通はベストエフォートなサービスだと考えられます。また、バックグラウンドの設定読み込みサーバは、エンドユーザに対するサービス品質に影響を及ぼさないようにするべきです。このような理由から、ユーザ向けのサーバとバックグラウンドの読み込みサーバは、別々のコンテナとして分離しなければなりません。コンテナを分けると、それぞれに異なるリソース必要条件や優先順位を付けることができ、ユーザ向けサーバが空いている時に、バックグラウンドの設定読み込みサーバが邪魔することなくリソースを使えるようにできます。また、2つのコンテナに対するリソース必要条件を分けることで、メモリリークやメモリのオーバーコミットなどでリソース競合を起こした際に、ユーザ向けサーバよりも設定読み込みサーバが先に停止されるようにもできます。

リソースの分離に加え、1台のノードで動くアプリケーションを複数のコンテナに分ける理由は他にもあります。チームをスケールする場合の例を考えましょう。理想的なチームの大きさは6人から8人であることを信じるには十分な証拠があります。これに沿ってチームを構成しつつも、大きなシステムを作ろうとするなら、各チームが面倒を見られる、小さくて焦点を絞った単位を作る必要があります。さらに、正しく設計されているなら、他の多くのチームでも利用可能な、再利用可能コンポーネントを作ることも多いでしょう。Gitソースコードリポジトリとローカルファイルシステムを同期し続ける処理を例に考えてみましょう。このGit同期ツールを独立したコンテナとして構成すれば、そのコンテナはPHP、HTML、JavaScript、Python、その他多数の環境に利用できます。Pythonランタイムと Gitの同期が切り離せないほど一体化しているといったように、コンテナに環境をまとめてしまうと、先に言ったようなモジュールの再利用（と、それに対応した再利用可能なモジュールの面倒を見る小さなチームの実現）は不可能になります。

また最後に、アプリケーションが小さく、すべてのコンテナが1つのチームによって管理されている場合でも、関心の分離によって、アプリケーションは十分に理解され、テスト、更新、デプロイが簡単にできるようになります。焦点を絞った小さなアプリケーションは、理解するのが簡単で、他のシステムとの結合が少なくなります。これはつまり、例えばアプリケーションサーバをデプロイし直さずにGit同期コンテナをデプロイし直せるようになると言ったことです。これによって、システムのロールアウト（およびロールバック）の信頼性が高くなり、アプリケーションのすばやさや柔軟性を高めることに繋がります。

I.2 まとめ

ここに挙げたすべての例が、1台のノード上で動いている場合も含め、アプリケーションを複数のコンテナに分割することを考える動機になるのを期待しています。この後の章では、モジュール化されたコンテナのグループを作るに当たって手助けになるいくつかのパターンを説明します。マルチノードの分散パターンと比較して、ここで挙げるパターンはパターン内のコンテナ間で強い依存性があります。特に、パターン内の全コンテナが同一マシン上に一緒に割り当てられる必要があります。また、パターン内の全コンテナがボリュームやファイルシステムの一部、あるいはネットワークネームスペースや共有メモリといったキーとなるコンテナリソースを共有できることを前提としています。このような強いグループ化は、Kubernetes[†1]ではPodと呼ばれています。ネイティブにサポートされているかどうかはそれぞれですが、考え方自体は他のコンテナオーケストレータでも同じです。

†1 Kubernetes（https://kubernetes.io/）は、コンテナ化されたアプリケーションの自動的なデプロイ、スケール、管理を行うオープンソースのシステムです。私の書いた本『入門 Kubernetes』（オライリー・ジャパン）を参照して下さい。

2章 サイドカー

シングルノードパターンの最初は、サイドカーです。サイドカーパターンは、1台のマシン上で動く2つのコンテナから構成されます。1つめは**アプリケーションコンテナ**です。ここにはアプリケーションのコアロジックが含まれています。このコンテナなしには、アプリケーションは存在できません。アプリケーションコンテナに加えて、**サイドカーコンテナ**があります。サイドカーの役割は、アプリケーションコンテナを拡張したり改善したりすることです。その際、場合によってはサイドカーコンテナはアプリケーションコンテナに関して何も知らないケースもあります。もっと単純に言うなら、サイドカーコンテナは、そのままだと拡張するのが難しいコンテナに、機能を追加するために使われます。サイドカーコンテナは、Kubernetesにおけるpod APIオブジェクトのような、アトミックな**コンテナグループ**を通じて、同じマシン上に割り当てられます。同じマシン上に割り当てられることに加え、アプリケーションコンテナとサイドカーコンテナは、ファイルシステムの一部、ホスト名、ネットワーク、それ以外のネームスペースなど多くのリソースを共有します。一般的なサイドカーパターンは図2-1のようになります。

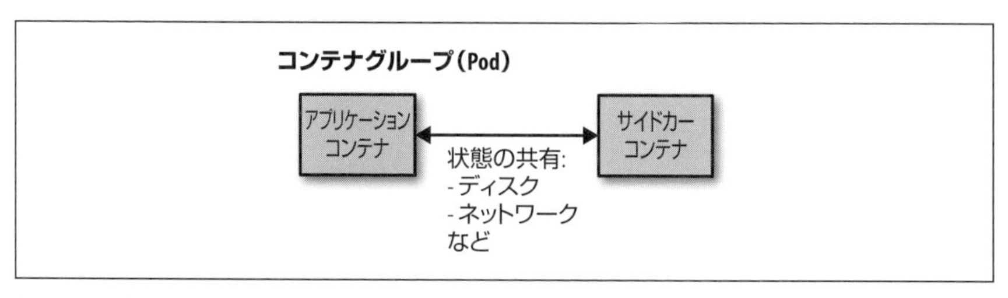

図2-1　一般的なサイドカーパターン

2.1 サイドカーの例：レガシーサービスのHTTPS対応

例として、レガシーなWebサービスを考えてみましょう。そのサービスが作られた数年前は、会社にとって社内ネットワークのセキュリティの優先順位は高くなかったため、アプリケーションはHTTPSではなく暗号化されていないHTTP経由でサービスを提供していました。セキュリティインシデントが最近発生したことから、その会社はすべてのWebサイトにHTTPSの使用を義務付けました。このWebサービスをアップデートするために派遣されたチームをさらにがっかりさせたのが、アプリケーションのコードがすでに動いていない古い社内ビルドシステムで作られたものだったことでした。このHTTPアプリケーションをコンテナ化するのは簡単です。バイナリは、チームのコンテナオーケストレータ内にある新しいカーネルの上で動く古いカーネル上でも動かせるからです。それに比べて、アプリケーション自体をHTTPS対応するのはずっと難しくなります。チームは、古いビルドシステムを生き返らせるか、アプリケーションのソースコードを新しいビルドシステムに移植するか決断を迫られましたが、その時、チームメンバーの1人がサイドカーパターンを使ってこの問題をもっと簡単に解決できると提案しました。

この状況では、簡単にアプリケーションにサイドカーパターンを適用できます。このレガシーなWebサービスを、ローカルホスト（127.0.0.1）のみにサービスを提供するよう設定、つまりローカルネットワークを共有しているサービスだけこのサービスにアクセスできるようにします。外部から誰もアクセスできないことになってしまうので、通常このような設定はしません。しかしサイドカーパターンでは、レガシーなサービスを載せたコンテナに加えてnginxのサイドカーコンテナを配置します。このnginxコンテナは、レガシーなアプリケーションと同じネットワークネームスペース上に存在させ、ローカルホスト上で動くサービスにアクセスできるようにします。すると、nginxが外部IPアドレスからのHTTPSトラフィックを終端できます。サイドカーパターンを使うと、HTTPSをサポートするようアプリケーションを作り直すことを考えなくても、レガシーアプリケーションをモダンに変えられるのです。

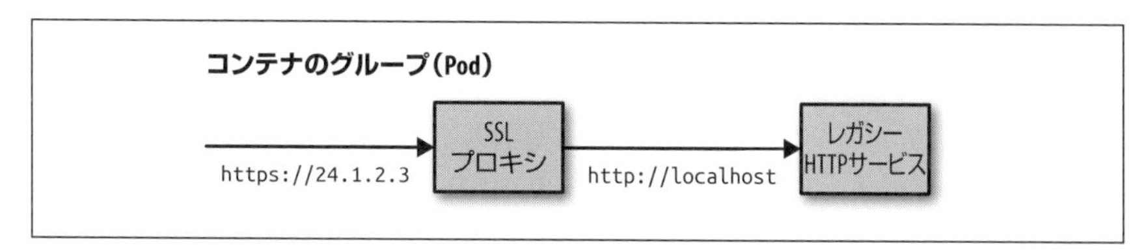

図2-2 HTTPS サイドカー

2.2 サイドカーによる動的な設定

単に既存のアプリケーションにトラフィックをプロキシするだけがサイドカーの使い道ではありません。もう1つよくあるのが、設定の同期に使う例です。多くのアプリケーションでは、設定をパラメータ化するのに設定ファイルを使用します。このファイルは、プレーンテキスト、あるいはそれよりも構造化されたXMLやJSONやYAMLなどのフォーマットになっています。従来型のアプリケーションでは、このような設定ファイルはファイルシステム上に存在していて、そこから設定を読み込むように書かれていることが多いでしょう。しかしクラウドネイティブな環境では、設定の更新にAPIを使うのが便利です。各サーバにログインして命令的コマンドを使って設定ファイルを更新する代わりに、API経由で設定情報を動的にプッシュできます。簡単に使えるのに加え、設定とその変更を安全かつ簡単にできるロールバックのような自動化が可能になるという点で、このようなAPIが求められるようになったのです。

HTTPS対応の例で触れたように、新規アプリケーションでは設定がクラウドAPI経由で取得できる動的な属性になるように書くことができますが、既存のアプリケーションをそのように適応させるべく改善するのはずっと難しい作業になります。このような時にサイドカーパターンを使えば、レガシーなアプリケーションを変更することなく新しい機能を追加できます。ここでは、図2-3に示すように、アプリケーションを動かすコンテナと、設定のマネージャコンテナの2つが登場します。2つのコンテナは、お互いがディレクトリを共有できる同一のコンテナグループにグループ化されて配置されます。この共有ディレクトリが、設定ファイルを保持する場所です。

レガシーアプリケーションが起動すると、ファイルシステムから設定ファイルをロードします。設定マネージャが起動すると設定APIを確認して、APIで得られる設定とローカルファイルシステム上の設定の差分を探します。差分があった場合、設定マネージャはローカルファイルシステムに設定をダウンロードし、新しい設定ファイルで再設定を行うよう、レガシーアプリケーションに通知を送ります。この通知の実際の仕組みは、アプリケーションによって異なります。設定ファイルの変更を監視するアプリケーションもあるでしょうし、SIGHUPシグナルに対する応答として動作するアプリケーションもあるでしょう。極端な例では、設定マネージャがレガシーアプリケーションに対してSIGKILLシグナルを送る場合も考えられます。この場合、SIGKILLシグナルによって強制終了されても、コンテナオーケストレータがレガシーアプリケーションを再起動します。既存アプリケーションのHTTPS化と同じく、このケースもサイドカーパターンが既存アプリケーションをよりクラウドネイティブな環境に適応させられるよい例になっています。

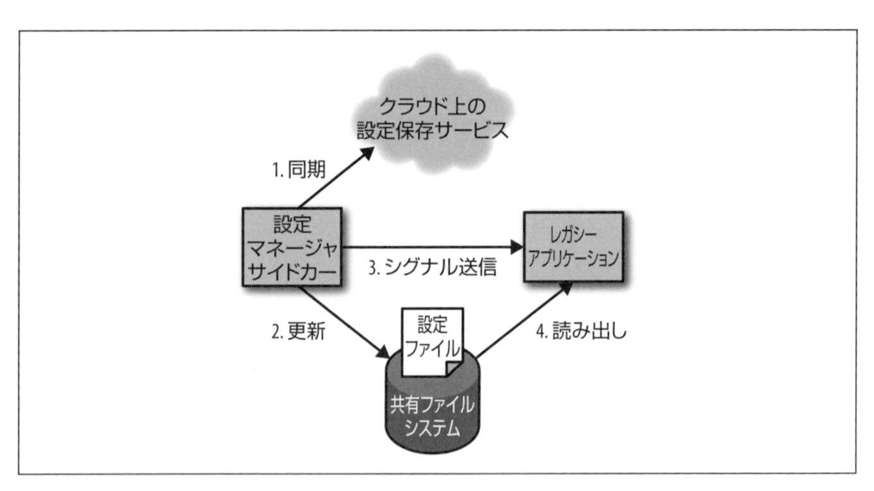

図2-3 動的な設定を管理するサイドカーの例

2.3 モジュール化されたアプリケーションコンテナ

この時点では、サイドカーパターンの存在する理由が、レガシーなアプリケーションのソースコードに変更を加えなくていいようにするためだけと考えていても問題ありません。これはサイドカーパターンのよくある使い方ではありますが、他にもサイドカーを使ってデザインをする動機はたくさんあります。サイドカーパターンを使うこれ以外の最大の利点は、サイドカーとしてのコンポーネントのモジュール化と再利用性です。実践的な信頼性の高いアプリケーションをデプロイするにあたり、コンテナ内でリソースを使用するさまざまなプロセスの情報を提供するtopコマンドのような管理用アプリケーションや、デバッグのために必要な機能を実現するためにも利用できます。

このような調査のための機能を提供するため、各アプリケーションの開発者がHTTPの/topzインタフェイス[†1]を用意し、ここでリソースの使用状況を出力するよう実装する方法があります。これを簡単にするために、開発者がアプリケーションに単にリンクを追加するだけでいいように、プログラミング言語に合わせたプラグインとしてWebhookを作ることも考えられます。しかしそのような方法を提供しても、開発者はそのリンクをアプリケーションに追加する必要があると共に、各言語向けにそのような仕組みを作ってサポートしなければなりません。かなり厳格に対処しない限り、このようなやり方は言語ごとに違いを生む原因になり、新しい言語を使う時に機能が限定されてしまうことにもなります。その代わり、ここではtopzの機能を、プロセスID（PID）をアプリケーションコンテナと共有するサイドカーコンテナにデプロイしましょう。このような時topzコンテナなら、すべてのプロセスの状態を確認し、一貫性のあるユーザインタフェイスでその情報を提供できます。さらに、インフラ内で実行されているすべてのアプリケーションに一貫したツールが使われるよう、オーケストレーションシステムを使って全アプリケーションに対してtopzコンテナを割り当てられるようになります。

どんな技術的選択にも言えることですが、モジュール化されたコンテナベースのパターンと、アプリケーションにコードを埋め込んでしまう方法との間には、トレードオフがあります。機能を追加するのにライブラリを提供する方法の場合、アプリケーションの個別の事情に合わせることはしません。そのため、パフォーマンスの点や、API側を環境にある程度合わせる必要があるといった効率的でないことが起こる可能性があります。このようなトレードオフを、既製品の服を買うこととオーダーメイドの服を買うことに対比する場合があります。オーダーメイドの服はいつもちょうどいいサイズになるはずですが、入手するには時間もお金もかかります。コーディングに関して言えば、汎用的な方法を選択するのがほとんどの人にとっては理にかなっています。もちろん、アプリケーションに非常に厳しいパフォーマンス要件があるなら、専用の方法を採用するべきです。

†1 訳注：topコマンドの出力のようなプロセス情報をHTTPで提供するインタフェイスのことを、著者はtopzインタフェイスと呼んでいます。

2.3.1 ハンズオン：topz コンテナのデプロイ

topzコンテナの動きを見てみるためには、まずアプリケーションコンテナとして動くコンテナをデプロイする必要があります。運用中のアプリケーションをDocker上にデプロイしましょう。

```
$ docker run -d <アプリケーションのイメージ>
<コンテナのハッシュ値>
```

イメージを起動したら、cccf82b85000…のようなフォーマットで、コンテナに対する識別子が表示されます。表示されない場合は、その時点で実行中のコンテナをすべて表示するdocker psコマンドを実行して確認しましょう。この識別子をAPP_IDという環境変数に入れたとすると、以下のコマンドで、同じPIDネームスペース内にtopzコンテナを動かせます。

```
$ docker run --pid=container:${APP_ID} \
    -p 8080:8080 \
    brendanburns/topz:db0fa58 \
    /server -addr=0.0.0.0:8080
```

これで、アプリケーションコンテナと同じPIDネームスペースに、topzサイドカーが起動します。アプリケーションコンテナがすでにポート8080で起動しているなど、サイドカーがサービスに使用するポートの変更が必要な場合があることに注意して下さい。サイドカーが動いたら、http://localhost:8080/topzを開いて、アプリケーションコンテナ内で動いているプロセスと、そのリソース使用量が確認できます。

このサイドカーと組み合わせることで、既存のどんなコンテナでもコンテナがどのようにリソースを使っているかをWebインタフェイスから確認できます。

2.4 サイドカーを使ったシンプルなPaaSの構築

サイドカーパターンは、機能追加や監視以外にも利用できます。シンプルに、モジュール化した方法でアプリケーションの完全なロジックを実装する方法でもあります。例として、Gitのワークフローを利用したシンプルなPaaSを作ると考えてみましょう。このPaaSを使うと、Gitリポジトリへ新しいコードをアップロードすると起動中のサーバにコードがデプロイされるようになります。サイドカーパターンを使うとこのPaaSの構築が非常に簡単になることを見ていきましょう。

前述のとおりサイドカーパターンでは、メインアプリケーションと、サイドカーの2つのコンテナがあります。このシンプルなPaaSのメインアプリケーションは、Webサーバが実装されたNode.jsサーバです。このNode.jsサーバは、新しいファイルがアップロードされると自動的にリロードするよう実装する必要があります。これは、nodemon（https://nodemon.io）で実現できます。

サイドカーコンテナは、メインアプリケーションコンテナとファイルシステムを共有し、ファイルシステムをGitリポジトリと同期するためのループを実行します。

```
#!/bin/bash

while true; do
  git pull
  sleep 10
done
```

単にHEADからでなく特定のブランチからデータをプルしてくるなど、スクリプトはもっと複雑になるはずです。ここでは、この例に合わせて読みやすいよう意図的にシンプルにしています。

Node.jsのアプリケーションとGit同期サイドカーは同じマシンに配置され、図2-4のようなシンプルなPaaSを構成します。デプロイされたら、新しいコードがGitリポジトリにプッシュされるたびに、コードはサイドカーによって自動的に更新され、サーバはリロードされます。

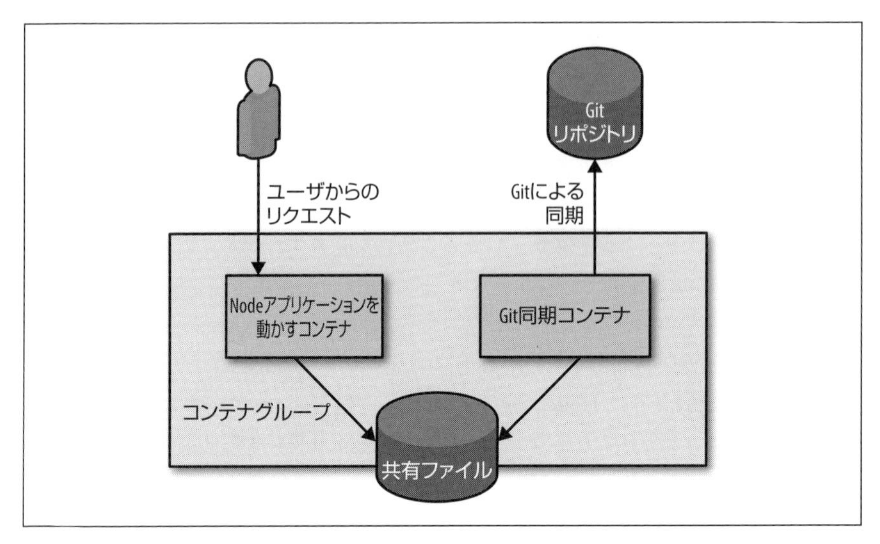

図2-4 サイドカーを使ったシンプルな PaaS

2.5 モジュール化と再利用性を考えたサイドカーの設計

この章で詳しく見てきたサイドカーの例には、サイドカーはモジュール化されて再利用可能であるという一貫した重要なテーマがあります。サイドカーは幅広いアプリケーションやデプロイ環境で再利用可能なのが、成功の秘訣です。モジュールとして再利用することで、サイドカーはアプリケーションの構築を劇的にスピードアップできます。

しかし、高品質なソフトウェア開発を行う際にモジュール化を実現するのと同じく、このようなモジュール化と再利用性を実現するには、焦点を絞ることと厳格な管理が必要です。特に、以下の3つの開発領域に焦点を当てる必要があります。

- コンテナのパラメータ化
- コンテナの API 仕様の設計
- コンテナのオペレーションのドキュメント化

2.5.1　パラメータ化されたコンテナ

作ろうとするコンテナがサイドカーかどうかに関係なく、コンテナをモジュール化して再利用可能にするために最も重要なのがパラメータ化です。

私がここで「パラメータ化」と言っているのはどういう意味でしょうか。コンテナがプログラムにおける関数だと考えてみて下さい。そのプログラムにはいくつのパラメータがあるでしょうか。各パラメータは、汎用的なコンテナを特定の状況向けにカスタマイズするための入力になっています。例えば、前に出てきたSSL機能を追加するサイドカーを例にしてみましょう。汎用的に使えるようにするには、SSLを提供するための証明書のパスと、ローカルホストで動いているレガシーアプリケーションのポート番号の、最低でも2つのパラメータが必要なはずです。これらのパラメータが存在しなければ、このサイドカーコンテナが幅広い種類のアプリケーションで使えるとは思えません。これ以外にこの章で挙げたサイドカーにも、同じような必須のパラメータが存在します。

これで必要なパラメータが分かりましたが、それをどのようにユーザに公開し、どのようにコンテナ内で使用すればよいでしょうか。このようなパラメータをコンテナに渡すには、環境変数を使うか、コマンドラインパラメータを使うかという2通りの方法があります。どちらも利用可能ですが、私は通常、環境変数を使ってパラメータを渡す方が好みです。この場合、サイドカーにパラメータを渡す方法は以下のとおりです。

```
docker run -e=PORT=<ポート> -d <サイドカーのイメージ>
```

もちろん、コンテナに値を渡すだけではうまくいきません。これらの環境変数をコンテナ内で実際に使う必要があります。そのためには通常、サイドカーコンテナに適用された環境変数をロードするシェルスクリプトを使い、設定ファイルを変更するか、アプリケーションをパラメータ化します。

証明書のパスとポートを環境変数として渡した場合の例は以下のようになります。

```
docker run -e=PROXY_PORT=8080 -e=CERTIFICATE_PATH=/path/to/cert.crt ...
```

コンテナ内ではこれらの変数を使って、nginx.conf内で正しい証明書とプロキシ先を設定できます。

2.5.2 各コンテナのAPI仕様の設計

パラメータ化したことで、コンテナは実行されるたびに呼び出される「関数」になります。この関数はコンテナによって定義されたAPIの一部ですが、コンテナが他のサービスを呼び出したり、コンテナが提供する他のAPIやHTTPのリクエストなどを含む、他のAPIも存在します。

モジュール化されて再利用可能なコンテナを定義する際、そのコンテナが周りとやり取りする方法のすべてが、そのコンテナが定義するAPIの要素であることを認識しておく必要があります。マイクロサービスの世界において**マイクロコンテナ**は、メインのアプリケーションコンテナとサイドカーの間が明確に分離されているようにするために、APIを利用しています。またこのAPIがあることにより、サイドカーを利用しているものが、新しいバージョンがリリースされても正常に動き続けられるようになります。さらに、サイドカーのAPIがしっかりと設計されていることで、サイドカーの一部として提供されているサービスが明確に定義され（かつユニットテストされる可能性も高くな）ることになり、サイドカーの開発者はすばやく変更を加えられます。

このようなAPIの仕様がなぜ重要なのかの具体的な例をみてみるために、前に挙げた設定管理のサイドカーを考えてみましょう。このサイドカーで利用できる設定の1つとして、設定をファイルシステムとどのくらいの間隔で同期するかを決める、`UPDATE_FREQUENCY`変数が考えられます。この変数名が後から`UPDATE_PERIOD`と変更されてしまったら、この変更はサイドカーのAPI違反になってしまい、ユーザから見たらAPIは壊れてしまうことになるのは明白です。

これは分かりやすい例ですが、もっと小さな変更でもサイドカーのAPIを壊す可能性があります。例えば、`UPDATE_FREQUENCY`は元々は秒を与えるものだったとしましょう。その後、ユーザのフィードバックを受けてサイドカーの開発者は、長い時間（例えば分）を指定する際には秒だとユーザが面倒なので、このパラメータに文字列（10mや5sなど）を入れられるようにしました。その際、文字を付けない場合は以前秒でパースされていたものを、ミリ秒としてパースされるよう変更してしまいました。この変更では、エラーは発生しないものの、非常に多くの更新確認のアクセスが発生してしまい、クラウド設定サーバにはそれに応じた大きな負荷が発生してしまうので、サイドカーのAPIを破壊しているのと同じことです。

本当のモジュール化を実現するため、サイドカーが提供するAPIには非常に注意を払う必要があり、APIに対する「破壊的」変更はパラメータ名の変更と同じように分かりやすいものとは限らないという点を、この例を通じて理解して欲しいと思います。

2.5.3　コンテナのドキュメント化

ここまでで、サイドカーコンテナをモジュール化され再利用可能なものにするため、どのようにパラメータ化するかを見てきました。また、ユーザのためにサイドカーを壊さないようAPIを不変に保つことの重要性を学びました。モジュール化され再利用可能なコンテナを作るための最後のステップが、そのコンテナをすぐに使えるようにすることです。

ソフトウェアライブラリと同じように、本当に便利な何かを作るには、その使い方のドキュメントを書くことが重要です。誰も使い方を理解できないなら、柔軟性があって信頼性の高いモジュール化されたコンテナを作っても意味はありません。残念ながらコンテナイメージのドキュメント化に利用できる正式なツールはほとんどありませんが、従うべきベストプラクティスはあります。

どんなコンテナイメージでも、ドキュメントが書いてあることが明らかなのは、コンテナの元になったDockerfileでしょう。Dockerfileには、どのようにコンテナが動くかすでに説明されている部分もあります。この1つの例は、EXPOSEディレクティブです。これは、イメージがリッスンするポートを表します。EXPOSEは必須ではありませんが、Dockerfileにこれを含んでおくのがよいでしょう。またそこには、以下のようにどのポートでリッスンするのかコメントも付けておきましょう。

```
...
# メインWebサーバはポート8080で動作
EXPOSE 8080
...
```

さらに、コンテナのパラメータ化に環境変数を使う場合は、パラメータのデフォルト値を決めるためのENVディレクティブを使用し、使用方法も書いておきましょう。

```
...
# PROXY_PORTパラメータは、トラフィックを
```

```
# localhost からリダイレクトする先のポートを表す
ENV PROXY_PORT 8000
...
```

最後に、イメージにメタデータを追加するためLABELディレクティブは必ず付けましょう。メタデータの例として、メンテナのメールアドレス、Webページ、イメージのバージョンなどがあります。

```
...
LABEL "org.label-schema.vendor"="name@company.com"
LABEL "org.label.url"="http://images.company.com/my-cool-image"
LABEL "org.label-schema.version"="1.0.3"
...
```

これらのラベル名はLabel Schemaプロジェクト（http://label-schema.org/rc1/）が制定したスキーマを利用したものです。このプロジェクトは、よく使われるラベルの共有セットを作ろうとしています。イメージラベルの共通分類法を使えば、可視化、監視、アプリケーションの正確な利用といったことのために、複数の別々のツールが同じメタデータを利用できます。共通言語を採用すると、イメージを変更しなくても、コミュニティで開発されたツール群を使えます。もちろん、イメージの利用方法に対して意味があるなら、追加のラベルも付けられます。

2.6 まとめ

この章では、1台のマシン上にコンテナをまとめるサイドカーパターンを紹介しました。サイドカーパターンでは、サイドカーコンテナがアプリケーションコンテナを増強し、拡張します。サイドカーは、アプリケーションに変更を加えるにはコストがかかりすぎる時に、レガシーアプリケーションを更新するために利用できます。また、共通機能の実装を標準化する、モジュール化されたユーティリティコンテナを作るのにも利用可能です。こういったユーティリティコンテナは、たくさんのアプリケーション向けに再利用可能で、各アプリケーションの一貫性を増し、開発コストを下げます。この後の章では、モジュール化されて再利用可能なコンテナの他の使い道を表す、別のシングルノードパターンを紹介します。

3章 アンバサダ

2章では、既存のコンテナを補完して機能を追加するサイドカーパターンを紹介しました。この章では、アンバサダパターンを紹介します。これは、アンバサダコンテナがアプリケーションコンテナとそれ以外の間のやり取りを仲介する仕組みです。他のシングルノードパターンと同じく、1台のマシンに割り当てられる共生的なペアとして、2つのコンテナが密結合します。このパターンの標準的な構成は、図3-1のようになります。

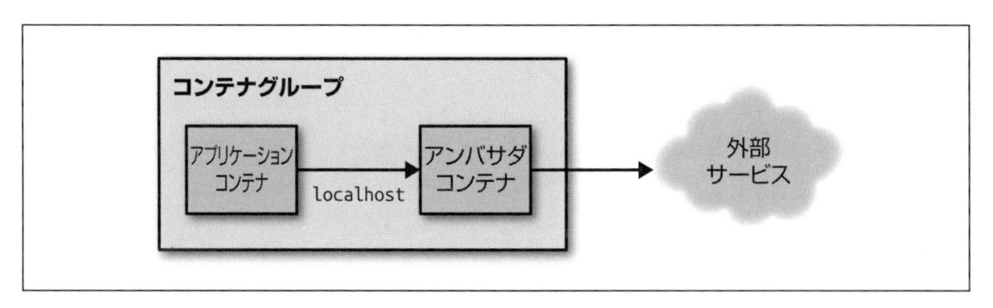

図3-1　標準的なアンバサダパターン

アンバサダパターンの価値は2つあります。1つめは、他のシングルノードパターンのように、モジュール化されて再利用可能なコンテナを作れるという、自然に備わった価値です。関心の分離によって、簡単にコンテナを作ったりメンテナンスを行ったりできます。もう1つが、アンバサダコンテナはいろいろなアプリケーションコンテナと組み合わせ可能であるという価値です。このような再利用性によって、コンテナのコードがあちこちで使い回せるようになるため、アプリケーション開発のスピードが上がります。また、1度書いたらそれをいろいろな場面で使えるので、実装の一貫性が増し、品質向上に繋がります。

これ以降、実際のアプリケーションを実装するためにアンバサダパターンを使用するたくさんの例を見ていきます。

3.1 サービスのシャーディングへのアンバサダの利用

ストレージレイヤに保存したいデータが、1台のマシンに収まりきらないほど大きい場合があります。そのような場面では、ストレージレイヤをシャーディングする必要があります。シャーディングは、ストレージレイヤを複数に分割し、それぞれが別のマシンでホストされるようにする仕組みです。この章では、既存のシャーディングされたサービスと、別のサービスがやり取りできるようにするシングルノードパターンに焦点を当てています。したがって、ここではシャーディングサービスの成り立ちには触れません。シャーディングと、マルチノードでシャーディングされたサービスのデザインパターンについては、6章で詳しく扱います。シャーディングされたサービスの図は図3-2のとおりです。

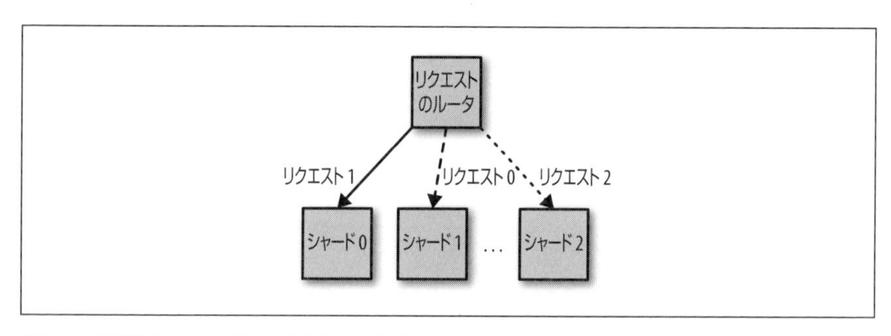

図3-2　標準的なシャーディングされたシステム

シャーディングされたサービスをデプロイする際、データを保存しようとするフロントエンドやミドルウェアのコードとどのように統合するのかという質問が挙げられます。然るべきリクエストを然るべきシャードにルーティングするためのロジックが必要なのは明らかですが、1つのバックエンドストレージしか想定していない既存コードに、シャーディングクライアントを組み込むのは難しいことが多いでしょう。さらに、シャーディングされたサービスでは、開発環境（ストレージシャードが1つしかないことが多い）と本番環境（シャードが複数あることが多い）の間で設定を共有するのが難しくなります。

シャーディングのロジックすべてをシャーディング対象のサービスに組み込んでし

まうのも、1つの方法です。この方法だと、シャーディングされたサービスは、トラフィックを適切なシャードに振り分けるステートレスなロードバランサも持つことになります。実際には、このロードバランサは分散アンバサダサービスになります。このような仕組みにすることで、シャーディングされたサービス自体のデプロイが複雑になる代わりに、クライアント側にアンバサダが必要なくなります。これと別に、クライアント側にシングルノードのアンバサダを組み合わせ、適切なシャードにトラフィックをルーティングする方法もあります。こうすると、クライアントのデプロイは少し複雑になりますが、シャーディングされたサービス自体のデプロイはシンプルになります。例によってトレードオフを考える必要がありますが、どちらの方法が向いているかはアプリケーション個々の事情によります。考慮すべきこととしては、アーキテクチャのどこに開発チームが割り当てられるか、コードを自分で書くのか既製のソフトウェアをデプロイするだけなのかといったことがあります。最終的にはどちらの選択もあり得るでしょう。この後の節では、シングルノードのアンバサダパターンをクライアント側のシャーディングに利用する方法を説明します。

既存のアプリケーションをシャーディングされたバックエンドに適応させる際には、適切なストレージシャードにリクエストをルーティングするためのロジックをすべて含んだアンバサダコンテナを使いましょう。そのため、フロントエンドやミドルウェアアプリケーションは、ローカルホストで動いている1つのストレージバックエンドにだけ接続すればいいのと同じことになります。実はこのバックエンドサーバは、アプリケーションからのリクエストを受け付け、適切なストレージシャードにリクエストを送り、その結果をアプリケーションに返す、**シャーディングアンバサダプロキシ**であるというわけです。このアンバサダの仕組みは、図3-3に図示してあります。

アンバサダパターンをシャーディングされたサービスに適用すると、アプリケーションコンテナは接続先であるローカルホストにあるストレージサービスのことだけ認識していればよくなり、アンバサダプロキシは適切なシャーディングを行うためのコードだけを持っていればよくなるというように、結果的に関心の分離が実現できます。他のシングルノードパターンと同じように、このアンバサダはいろいろなアプリケーションで利用できます。この後のハンズオンで見ていくように、分散システム全体の開発スピードを上げるため、既製のオープンソース実装でもアンバサダを利用できます。

3.1.1 ハンズオン：シャーディングされたRedisの実装

Redisはキャッシュあるいは永続的ストレージとしても使える高速なキーバリューストアです。この例では、Redisをキャッシュとして使います。シャーディングされたRedisサービスをKubernetesクラスタにデプロイするところから始めましょう。デプロイにはStatefulSet APIオブジェクトを使用します。各シャードに対して一意なDNS名を割り当てられるので、プロキシの設定時にこのDNS名を利用できます。

RedisのStatefulSetは次のようになります。

```
apiVersion: apps/v1
kind: StatefulSet
metadata:
  name: sharded-redis
spec:
  selector:
    matchLabels:
      app: redis
  serviceName: "redis"
  replicas: 3
  template:
    metadata:
      labels:
        app: redis
    spec:
      terminationGracePeriodSeconds: 10
      containers:
      - name: redis
        image: redis
        ports:
        - containerPort: 6379
          name: redis
```

これをredis-shards.yamlとしてファイルに保存すれば、次のコマンドでデプロイできます。

```
kubectl create -f redis-shards.yaml
```

また、kubectl get podsコマンドで、Redisが動いている3つのコンテナが作られたのが確認できます。sharded-redis-[0,1,2]というコンテナがあるはずです。

もちろんレプリカを動かして終わりではありません。それぞれのレプリカを参照するための名前が必要です。ここでは、作成したレプリカにDNS名を割り当てるKubernetesのServiceを使いましょう。このServiceは以下のようになります。

```
apiVersion: v1
kind: Service
metadata:
  name: redis
  labels:
    app: redis
spec:
  ports:
  - port: 6379
    name: redis
  clusterIP: None
  selector:
    app: redis
```

これをredis-service.yamlとしてファイルに保存すれば、以下のコマンドでデプロイできます。

```
kubectl create -f redis-service.yaml
```

sharded-redis-0.redis、sharded-redis-1.redis、sharded-redis-2.redisというDNSエントリができました。この名前を使って、twemproxyを設定しましょう。twemproxyは、軽量で高速なmemcachedとRedis向けのプロキシです。Twitterが開発し、GitHub（https://github.com/twitter/twemproxy）上でオープンソースとして公開されています。以下の設定で、twemproxyがレプリカを指し示すようにできます。

```
redis:
  listen: 127.0.0.1:6379
  hash: fnv1a_64
  distribution: ketama
```

```
  auto_eject_hosts: true
  redis: true
  timeout: 400
  server_retry_timeout: 2000
  server_failure_limit: 1
  servers:
   - sharded-redis-0.redis:6379:1
   - sharded-redis-1.redis:6379:1
   - sharded-redis-2.redis:6379:1
```

アプリケーションがアンバサダにアクセスできるよう、Redisプロトコルでlocalhost:6379を通じてサービスを提供しているのが分かるでしょう。これをnutcracker.yamlとしてファイルに保存し、以下のコマンドを使って、KubernetesのConfigMapを使ってアンバサダのPodにデプロイします。

```
kubectl create configmap twem-config --from-file=./nutcracker.yaml
```

ここまでの準備が完了したら、アンバサダをデプロイしましょう。Podの定義は次のようになります。

```
apiVersion: v1
kind: Pod
metadata:
  name: ambassador-example
spec:
  containers:
    # ここにアプリケーションコンテナの設定を入れる。以下は例
    # - name: nginx
    #   image: nginx
    # これ以降アンバサダコンテナの設定
    - name: twemproxy
      image: ganomede/twemproxy
      command:
      - "nutcracker"
      - "-c"
      - "/etc/config/nutcracker.yaml"
      - "-v"
```

```
          - "7"
          - "-s"
          - "6222"
          volumeMounts:
          - name: config-volume
            mountPath: /etc/config
      volumes:
        - name: config-volume
          configMap:
            name: twem-config
```

完全なPodを作るには、この設定にアプリケーションコンテナの設定を追加して下さい。

3.2 サービスブローカとしての利用

アプリケーションを複数環境間（例えばパブリッククラウド、物理データセンタ、プライベートクラウド）でポータブルに扱う際の大きな問題の1つが、サービスディスカバリと設定の扱いです。この理由を説明するため、データの保存先としてMySQLデータベースに依存しているフロントエンドを考えてみて下さい。パブリッククラウドでは、このMySQLサービスはSaaSとして提供されているかもしれません。しかしプライベートクラウドでは、MySQLが動いている仮想マシンやコンテナを動的に立ち上げる必要があるかもしれません。

したがって、ポータブルなアプリケーションを作るには、アプリケーションは環境を認識し、接続すべき適切なMySQLサービスを見つけなければなりません。このようなプロセスを**サービスディスカバリ**と言い、ディスカバリと紐付けを行うシステムを一般的に**サービスブローカ**と言います。前の例と同じように、アンバサダパターンを使うと、アプリケーションコンテナからサービスブローカアンバサダのロジックを分離できます。アプリケーションは単にローカルホストで動いているサービス（MySQLなど）のインスタンスに接続すればよいことになります。環境を認識し、適切な接続先を仲介するのは、サービスブローカが責任を持ちます。このプロセスを図示したのが図3-3です。

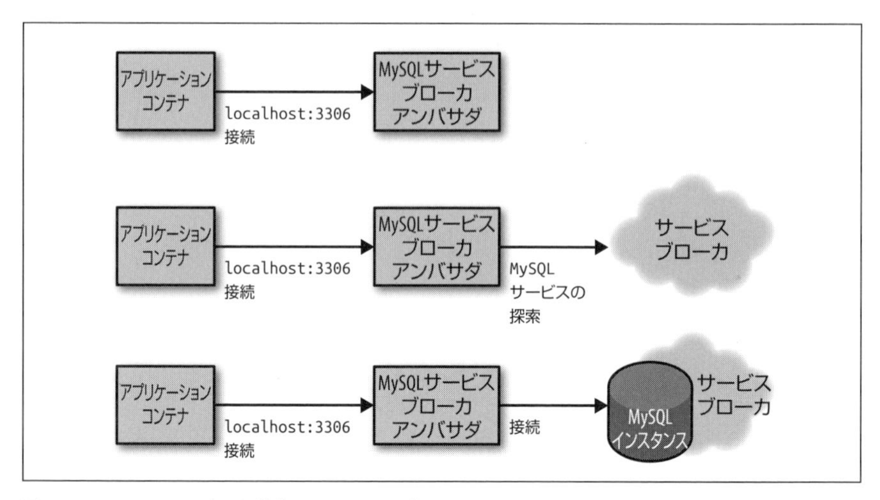

図3-3 MySQL サービスを構成するサービスブローカとしてのアンバサダ

3.3 新システムの実験的運用やリクエスト分割への利用

アンバサダパターンの最後のアプリケーション例は、システムの実験的運用を行ったり、リクエストの分割を行うケースです。多くの本番システムでは、すべてのリクエストを本番サービスで処理するのではなく、サービスの別実装で処理できるようにしておくと便利です。多くの場合このような仕組みは、ソフトウェアの新しいバージョンが現在デプロイされているバージョンに対して十分な信頼性があるか、パフォーマンスが同程度かを確認するための、ベータバージョンでの実験的運用に使われます。

リクエスト分割の仕組みは、tee コマンドと同様の処理を行うため、あるいはトラフィックを本番システムと新システムの両方に送るために使います。ユーザへのレスポンスは本番システムから返され、tee された新サービスからのレスポンスは破棄されます。このようなリクエスト分割の仕組みは、本番のユーザに影響を与えることなく、サービスの新しいバージョンに対する本番の負荷をシミュレーションするために使われます。

前の例を考えれば、リクエスト分割用アンバサダがリクエスト分割を実装したいアプリケーションコンテナとやり取りする方法は分かるはずです。前と同じく、アプリケーションコンテナは単にローカルホストのサービスに接続すればよく、アンバサダコンテナがリクエストを受け、本番システムと試験用システムにリクエストをプロキシし、まるで自分で処理したかのように本番システムからのレスポンスを返します。

このような関心の分離によって、どちらのコンテナもスリムで焦点を絞ったものになり、アプリケーションがモジュール化された構造になることで、リクエスト分割用アンバサダをいろいろなアプリケーションや設定に対して再利用できます。

3.3.1　ハンズオン：10%のアクセスのみ実験用システムに送る

リクエスト分割で試験を行う仕組みを実装するため、nginxのWebサーバを使いましょう。nginxはパワフルで機能豊富なオープンソースのWebサーバです。nginxをアンバサダとして使うため、以下の設定を使います（これはHTTPの例になっていますが、HTTPSにも簡単に対応させられるはずです）。

```
worker_processes  5;
error_log  error.log;
pid        nginx.pid;
worker_rlimit_nofile 8192;

events {
  worker_connections  1024;
}

http {
  upstream backend {
    ip_hash;
    server web weight=9;
    server experiment;
  }

  server {
    listen localhost:80;
    location / {
      proxy_pass http://backend;
    }
  }
}
```

シャーディングされたサービスの話と同じように、実験用のフレームワークをアプリケーション自体に組み込むのではなく、別のマイクロサービスとしてアプリケーションの前段に置くこともできます。もちろんこのような仕組みにすることで、メンテナンスやスケール、監視などが行われる必要のある別のサービスが追加されることになります。しかし、実験的運用の仕組みがアーキテクチャ内に長く残るのであれば、この構成を取る価値はあります。ときどきしか使わないのであれば、クライアント側にアンバサダを置く方がよいでしょう。

この設定内でIPハッシングを使用しているのに気づいたかもしれません。これは、ユーザがアクセスするたびに試験システムと本番システムが交互に表示されないようにするために、重要な設定です。このため、ユーザはアプリケーションにおいて一貫した結果を得られるようになります。

weightパラメータによって、90%のトラフィックが既存アプリケーションに送られ、10%のトラフィックが試験システムに送られます。

他の例と同じく、設定をnginx.confというファイルに保存し、以下のコマンドでKubernetesのConfigMapを使って設定をデプロイしましょう。

```
kubectl create configmap experiment-config --from-file=nginx.conf
```

nginxの設定内では、webとexperimentというサービスが定義されている前提になっています。このサービスがまだ存在していないなら、アンバサダコンテナを作る前に作成する必要があります。nginxは、プロキシしようとするサービスを発見できないと起動しないからです。サービスの設定例は次のとおりです。

```
# こちらがexperimentサービス
apiVersion: v1
kind: Service
metadata:
  name: experiment
  labels:
    app: experiment
spec:
```

```
  ports:
  - port: 80
    name: web
  selector:
    # アプリケーションのラベルに合わせてこのセレクタを変更
    app: experiment

# こちらがwebサービス
apiVersion: v1
kind: Service
metadata:
  name: web
  labels:
    app: web
spec:
  ports:
  - port: 80
    name: web
  selector:
    # アプリケーションのラベルに合わせてこのセレクタを変更
    app: web
```

それから、Pod内にアンバサダコンテナとしてnginxをデプロイしましょう。

```
apiVersion: v1
kind: Pod
metadata:
  name: experiment-example
spec:
  containers:
    # ここにアプリケーションコンテナの設定を入れる。以下は例
    # - name: some-name
    #   image: some-image
    # これ以降アンバサダコンテナの設定
    - name: nginx
      image: nginx
      volumeMounts:
      - name: config-volume
```

```
        mountPath: /etc/nginx
  volumes:
    - name: config-volume
      configMap:
        name: experiment-config
```

この定義に設定を追加すれば、アンバサダを利用するコンテナを増やせます。

4章 アダプタ

ここまでの章では、サイドカーパターンがどのように既存のアプリケーションコンテナを拡張し、強化するのかを見ました。また、アプリケーションコンテナが外部とやり取りする方法を、アンバサダコンテナがどのように変え、仲介するのかも見ました。この章では、シングルノードパターンの最後の1つである、**アダプタ**パターンを取り上げます。アダプタパターンでは、他のアプリケーションが期待する定義済みのインタフェイスのルールを守ったまま**アプリケーションコンテナ**のインタフェイスを変えるために、**アダプタコンテナ**を利用します。アダプタを使うことで、アプリケーションがどれも同じ監視インタフェイスを持つといったことが実現できます。あるいは、ログファイルがstdout（標準出力）などの慣習に従った場所に常に出力されるようにできます。

現実のアプリケーション開発は、不均一で様々なものが混ざり合い成り立っています。アプリケーションのある部分はチーム内でゼロから書かれたものかもしれません。あるいはベンダによって提供されたものかもしれません。はたまたすでにコンパイル済みのバイナリを使うだけの、既製のオープンソースソフトウェアあるいは商用ソフトウェアかもしれません。このような不均一性によって、現実におけるアプリケーションは、書かれた言語もいろいろで、ロギングや監視などのサービスのルールもいろいろになります。

とは言え、アプリケーションを有効に監視し、操作するには、共通インタフェイスが必要です。各アプリケーションがメトリクスを様々なフォーマットやインタフェイスで提供しているのでは、可視化やアラートのためにメトリクスをすべて1箇所に集めるのは非常に難しくなります。ここがアダプタパターンが関連してくるところです。他のシングルノードパターンのように、アダプタパターンはモジュール化されたコンテナで構成されます。いろいろなアプリケーションコンテナがそれぞれ異なる監視インタフェイスを持っていても、アダプタコンテナがその不均一な部分を吸収し、一貫したインタフェイスを提供します。これによって、1つのインタフェイスだけをサポートしたツールをデプロイするだけでよくなります。図4-1が、その一般的なパターンです。

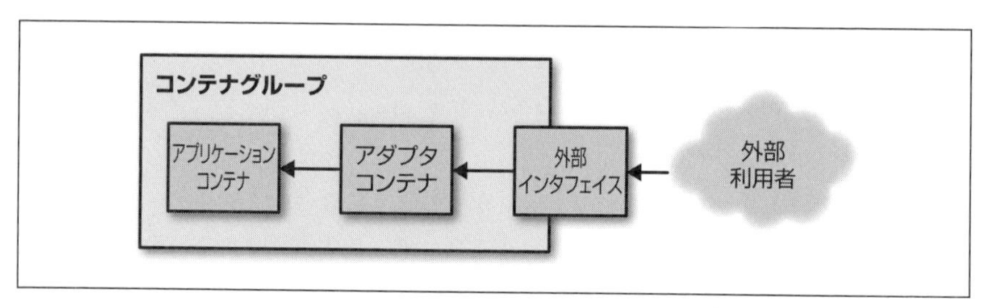

図4-1　一般的なアダプタパターン

この章では、アダプタパターンを使ったいくつかのアプリケーションを見ていきます。

4.1 監視

ソフトウェアを監視する時は、デプロイされたアプリケーションを自動で発見し、監視してくれる仕組みが欲しくなるでしょう。これを可能にするためには、各アプリケーションに同じ監視インタフェイスが実装されている必要があります。監視インタフェイスの標準化の例としては、syslog、Event Tracing for Windows（etw）、JavaアプリケーションでのJMXなど、非常に多くのプロトコルやインタフェイスがあります。しかし、それぞれ通信のプロトコルも、コミュニケーションスタイル（プッシュ型かプル型か）もいろいろです。

分散システム内のアプリケーションには、自分でコードを書いたものから、既製のオープンソースのコンポーネントまで、いろいろなものがあります。そのため、いろいろな種類の監視インタフェイスを、しっかり理解された1つのシステムにまとめ上げることになるでしょう。

ほとんどの監視の仕組みは、幅広いアプリケーションに適用できなくてはならないことが分かった上で作られており、監視フォーマットを共通インタフェイスに落とし込むためのさまざまなプラグインが実装されています。このツールがある前提で、アプリケーションを高速かつ安定した状態でデプロイするにはどうしたらいいでしょうか。その答えが、アダプタパターンです。監視にアダプタパターンを適用すると、アプリケーションコンテナは単に監視対象のコンテナになります。アダプタコンテナは、アプリケーションコンテナが公開している監視インタフェイスを、汎用的な監視システムが利用するインタフェイスに変換します。

システムをこのように切り離すことで、システムがより分かりやすく、メンテナンスしやすくなります。アプリケーションの新しいバージョンを展開するのに、監視システムも一緒に展開する必要はありません。さらに、監視コンテナはいろいろなアプリケーションコンテナと組み合わせて使えます。監視コンテナは、アプリケーション開発者とは別の、監視システムのメンテナが提供することも可能です。また、監視アダプタを別のコンテナとしてデプロイすると、コンテナにはCPUやメモリのようなリソースが別々に割り当てられるようになります。このため、監視アダプタが不正な動きをしても、ユーザ向けのサービスに影響を及ぼさないようにできます。

4.1.1 ハンズオン：監視へのPrometheusの利用

例として、オープンソースソフトウェアであるPrometheus（`https://prometheus.io`）を使ってコンテナを監視することを考えてみましょう。Prometheusは、メトリクスを収集し、それを1つの時系列データベースに集約する監視データ収集ツールです。このデータベース上で、Prometheusは可視化や、収集したメトリクスを確認するクエリ言語を提供します。さまざまなシステムからメトリクスを収集するため、Prometheusは各コンテナが決められた`metrics` API経由で情報を提供している前提で動作します。そのため、Prometheusは1つのインタフェイスを通じてさまざまなプログラムを監視できます。

しかし、Redisキーバーリューストアのような人気のある多くのプログラムは、Prometheusと互換性のあるフォーマットではメトリクスを出力しません。Redisのような既存サービスをPrometheusのメトリクス収集インタフェイスに適応させるのに、アダプタパターンが役立ちます。

以下のような、RedisサーバのシンプルなKubernetes Podがあるとしましょう。

```
apiVersion: v1
kind: Pod
metadata:
```

```
  name: adapter-example
  namespace: default
spec:
  containers:
  - image: redis
    name: redis
```

この時点では、このコンテナは必要なインタフェイスを持っていないのでPrometheusで監視することはできません。しかし、ここにアダプタコンテナを追加するだけで、このPodが正しいインタフェイスを持ち、Prometheusの要求を満たすようになります。

```
apiVersion: v1
kind: Pod
metadata:
  name: adapter-example
  namespace: default
spec:
  containers:
  - image: redis
    name: redis
  # Prometheusのインタフェイスを持つアダプタを指定
  - image: oliver006/redis_exporter
    name: adapter
```

この例では、一貫したインタフェイスを持つようにするためのアダプタパターンの価値を示しているだけでなく、モジュール化したコンテナを再利用できるという一般的なコンテナパターンの価値も表しています。この例では既存のRedisコンテナを既存のPrometheusアダプタと組み合わせています。その結果、Redisサーバをデプロイする部分にほとんど手を加えず、監視できるようになりました。アダプタパターンなしで同じことを実現するには、Redisとアダプタ部分のいずれかを更新する際にそれを適用する作業が発生することから、ずっと多くの作業が必要になり、また操作しにくい仕組みになったでしょう。

4.2 ロギング

監視と似たように、システムがログデータをどのように出力するかには、システムごとに大きな違いがあります。違ったレベル分け（debug、info、warning、errorといった分類）で、レベルごとにファイルに出力しているかもしれません。あるいは単に stdout（標準出力）や stderr（標準エラー出力）に出しているだけかもしれません。docker logs や kubectl logs コマンドから得られるのは、コンテナが stdout に出力したものだけだという点で、コンテナ化されたアプリケーションにおいてこのようなログ出力のばらつきは特に問題になります。

さらに複雑なことに、ログに出力される情報は一般的には構造化されています（例えば日付や時刻）。しかし、その情報もロギングライブラリによって表現がいろいろです（例えばJavaのビルトインログとGoのglogパッケージ）。

実際に分散システムのログを保存したり参照したりする際には、こういったロギングフォーマットの違いはあまり気にしないでしょう。データが違う構造を持っていても、各ログが正しいタイムスタンプを持っていればいいとするはずです。

幸いなことに監視には、これらの状況においてモジュール化され再利用可能なデザインを行うために、アダプタパターンが役に立ちます。アプリケーションコンテナはファイルにログを保存していても、アダプタコンテナがそのファイルの中身を stdout にリダイレクトできます。アプリケーションコンテナごとに情報を違ったフォーマットで保存していても、ログアグリゲータがデータを処理できるよう、アダプタコンテナがそのデータを1つの構造化された表現に変換できます。ここでも、統一されていないアプリケーションの世界が、アダプタによって共通インタフェイスを持った均質な世界に変わるのです。

アダプタパターンを考える際に、なぜアプリケーションコンテナ自体を変更してしまわないのか？という質問がよく挙げられます。あなたがアプリケーションコンテナの開発に責任を負っているなら、それもよい方法でしょう。一貫性のあるインタフェイスを実装するため、コードとコンテナを変えてしまうのもうまくいくはずです。しかし、多くの場合は他の人が作ったコンテナを再利用することになるはずです。そのような場合、すでにあるコンテナと組み合わせる新しいコンテナを自分で作るより、メンテナンス（パッチ適用、リベースなど）の必要がある少しだけ変更したイ

メージを使う方がずっと高くつくでしょう。さらに、アダプタを独自コンテナに分離することで、アプリケーションコンテナ自体を変更してしまうとやりにくい、共有や再利用が可能になります。

4.2.1 ハンズオン：Fluentdによる各種ロギングフォーマットの正規化

アダプタのよくあるタスクの1つが、ログをイベントの標準セットに正規化することです。たくさんのアプリケーションがそれぞれのログフォーマットを持っている状況でも、アダプタとしてデプロイした標準ロギングツールを使って、すべてのフォーマットを一貫したものに正規化できます。例として、Fluentdモニタリングエージェントと、さまざまなソースからログを取得できるようコミュニティがサポートしているプラグインをいくつか使ってみましょう。

Fluentd（https://www.fluentd.org）は、オープンソースのロギングエージェントとして広く使われているものの1つです。主な機能に、さまざまなアプリケーションを監視するコミュニティによって作られた素晴らしい柔軟性を持ったプラグインが豊富にあることが挙げられます。

まず監視するのはRedisです。Redisは広く使われているキーバリューストアです。コマンドの1つにSLOWLOGがあります。このコマンドは、一定の時間を超えて実行された最近のクエリを一覧表示します。このようなログは、アプリケーションのパフォーマンスをデバッグするのに役に立ちます。しかし、SLOWLOGはRedisサーバ上ではコマンドとしてしか使えないので、問題が起こって誰もサーバ上にログインしていない時、過去に遡って情報を取得できないのです。この制限を取り除くため、Fluentdを使ってスロークエリをロギングする機能をRedisに追加しましょう。

そのために、redisコンテナをメインアプリケーションコンテナとし、Fluentdコンテナをアダプタコンテナとして、アダプタパターンを適用します。この時、スロークエリをチェックするためfluent-plugin-redis-slowlog（https://github.com/mominosin/fluent-plugin-redis-slowlog）も使用します。次のスニペットを使ってプラグインを設定できます。

```
<source>
  type redis_slowlog
  host localhost
```

```
  port 6379
  tag redis.slowlog
</source>
```

アダプタを利用し、両方のコンテナがネットワークネームスペースを共有しているので、ロギングの設定は単にlocalhostとRedisのデフォルトポート（6379）を指定するだけでよくなります。アダプタパターンのアプリケーションでは、Redisのスロークエリをデバッグしたい時にいつでもログにアクセスできます。

同じような仕組みが、Apache Storm（https://storm.apache.org/）のシステムのログモニタリングにも使用できます。StormはデータをRESTful APIで出力できるので便利ですが、問題が発生した時にシステムを監視していなければならないというRedisと同じような制限事項があります。ここでも、FluentdアダプタをStormのプロセスをクエリ可能なログが時系列に並んだものに変換するのに使用できます。このために、Fluentdアダプタをfluent-plugin-stormプラグインを有効にしてデプロイしましょう。このプラグインでは、Fluentdの設定がローカルホストを指すようにします（ここでもコンテナのグループはローカルホストを共有しているためです）。プラグインの設定は以下のようになります。

```
<source>
  type storm
  tag storm
  url http://localhost:8080
  window 600
  sys 0
</source>
```

4.3　ヘルスモニタの追加

アダプタパターンの最後の例は、アプリケーションコンテナのステータスを監視する仕組みです。既製品のデータベースコンテナのステータスを監視することを考えてみましょう。この場合、データベースのコンテナはデータベースプロジェクトによって提供されており、ヘルスチェックを追加するだけのためにコンテナの変更はしないとしましょう。コンテナオーケストレータによって、プロセスが起動していること、特定のポートをリッスンしていることのチェックはできますが、データベースで実際にクエリを実行するようなリッチなヘルスチェックを追加したい場合にはどうしたらよいでしょうか。

Kubernetesのようなコンテナオーケストレーションシステムを使えば、シェルスクリプトもヘルスチェックに使用できます。この機能を利用して、データベースのステータスを確認する、いろいろな診断クエリを実行するリッチなシェルスクリプトを書いてみましょう。さて、どこにスクリプトを保存し、どのようにバージョン管理しましょうか。

この問題に対する答えは、ここまで読んできた人には簡単でしょう。アダプタコンテナを使えばいいのです。データベースはアプリケーションコンテナ内で動き、アダプタコンテナとネットワークインタフェイスを共有します。アダプタコンテナは、データベースのステータスをチェックするシェルスクリプトが含まれているだけのシンプルなコンテナになります。このスクリプトは、データベースのヘルスチェックを行い、アプリケーションが必要などんなリッチなヘルスチェックでも実行できます。チェックが失敗したら、データベースは自動的に再起動されます。

4.3.1 ハンズオン：MySQLのリッチなステータス監視の追加

MySQLデータベース上で、負荷を表示するクエリを実行して、詳しい監視をしたいとしましょう。このような場合、アプリケーションに合ったヘルスチェックをMySQLコンテナに入れるという方法があります。しかし、それでは既存のMySQLベースイメージに新しいMySQLイメージがリリースされるたびに更新する必要があることから、通常はあまりいいアイディアではありません。

データベースコンテナのヘルスチェックを行うなら、アダプタパターンを使うのが魅力的な方法です。既存のMySQLコンテナを変更する代わりに、既存のMySQLコンテナと組み合わせるアダプタコンテナを追加し、データベースの状態をテストするクエリを実行します。このアダプタコンテナはHTTPでヘルスチェック結果を公開するよう実装するので、データベースアダプタがインタフェイスを公開する前提でMySQLデータベースプロセスのヘルスチェックをすればよくなります。

アダプタのソースコードは比較的簡単です。ここではGoで書いてみましょう（他の言語での実装も可能です）。

```
package main

import (
  "database/sql"
  "flag"
  "fmt"
  "net/http"

  _ "github.com/go-sql-driver/mysql"
)

var (
  user   = flag.String("user", "", "The database user name")
  passwd = flag.String("password", "", "The database password")
  dtbs   = flag.String("database", "", "The database to connect to")
  query  = flag.String("query", "", "The test query")
  addr   = flag.String("address", "localhost:8080",
                    "The address to listen on")
)

// 使用方法：
//   db-check -query="SELECT * from my-cool-table" \
//            -user=bdburns \
//            -password="you wish"
//            -database=dbname
//
func main() {
  flag.Parse()
  db, err := sql.Open("mysql",
                    fmt.Sprintf("%s:%s@/%s", *user, *passwd, *dtbs))
  if err != nil {
    fmt.Printf("Error opening database: %v", err)
  }

  // クエリを実行するシンプルなWebハンドラ
  http.HandleFunc("/", func(res http.ResponseWriter, req *http.Request) {
    _, err := db.Exec(*query)
    if err != nil {
      res.WriteHeader(http.StatusInternalServerError)
```

```
      res.Write([]byte(err.Error()))
      return
    }
    res.WriteHeader(http.StatusOK)
    res.Write([]byte("OK"))
    return
  })
  // サーバを起動
  http.ListenAndServe(*addr, nil)
}
```

これをコンテナイメージに搭載し、以下のようにPodに入れます。

```
apiVersion: v1
kind: Pod
metadata:
  name: adapter-example-health
  namespace: default
spec:
  containers:
  - image: mysql
    name: mysql
  # imageは自分で作ったコンテナイメージに置き換え
  - image: brendanburns/mysql-adapter
    name: adapter
```

これで、mysqlコンテナを変更しないままで、アダプタコンテナからMySQLサーバに関する必要なフィードバックを得られるようになりました。

アダプタパターンのこのアプリケーションを見ると、パターンを適用するのは余計なことにも見えます。mysqlインスタンスのステータスをチェックする方法を組み込んだカスタムイメージを作ることももちろん可能です。

しかし、その方法だとモジュール化から得られる大きな利点を無視しています。それぞれの開発者がヘルスチェックを組み込んだ自分のコンテナを作ってしまえば、再利用や共有の機会などなくなってしまいます。

その一方で、アダプタのようなパターンを使って複数のコンテナから構成されるモジュール化された方法を作れば、その結果は自然と疎結合で共有しやすい仕組みになります。mysqlをヘルスチェックするために開発されたアダプタは、いろいろな人の間で共有され、再利用が可能です。さらに、この共有ヘルスチェックコンテナを使えば、mysqlデータベースのヘルスチェックをどうやるべきか詳しい知識がなくてもアダプタパターンを適用できます。つまり、このモジュール方式とアダプタパターンは共有を促進するだけでなく、他の人の知識を人々が活用できるようにもしているのです。

デザインパターンはそれを利用する開発者だけのものとは限りません。デザインパターンを通じて、コミュニティメンバ間、さらにはより広い開発者のエコシステムの中でコラボレーションしたり、やり方を共有することになり、コミュニティの進歩を促すことにもなるのです。

第Ⅱ部
マルチノードパターン

これまでの章では、同じマシン上に割り当てられるコンテナの集まりをグループ化するパターンについて書いてきました。グループ内のコンテナは密結合で、共生的なシステムでした。また、ディスク、ネットワークインタフェイス、プロセス間通信といった、ローカルな共有リソースに依存していました。そういったコンテナの集まりも重要なパターンではありますが、大きなシステムを構成する要素の1つでもあります。信頼性、スケーラビリティ、関心の分離といったことを実現するには、実際のシステムが複数のマシンにまたがるさまざまなコンポーネントから構成されている必要があります。シングルノードパターンに比べるとマルチノードの分散パターンは、より疎結合になっています。パターンは、コンポーネント間のやり取りに影響するわけですが、このやり取り自体はネットワーク経由の呼び出しを基本として行われます。呼び出しの多くは並列に行われるので、システムは強い制約というよりはゆるい同期をベースに協調して動きます。

Ⅱ.1 マイクロサービス入門

今日においては、**マイクロサービス**という言葉はマルチノードの分散ソフトウェアアーキテクチャを指すバズワードになっています。マイクロサービスとは、別々のプロセスとして動作し、定義済みのAPIを通じて通信する多くのコンポーネントからなるシステムのことです。マイクロサービスは、サービスの全機能を1つの密結合なアプリケーションにまとめた**モノリシック**なシステムと対比した言葉です。これら2つのアーキテクチャ上のアプローチを図示したのが、図Ⅱ-1と図Ⅱ-2です。

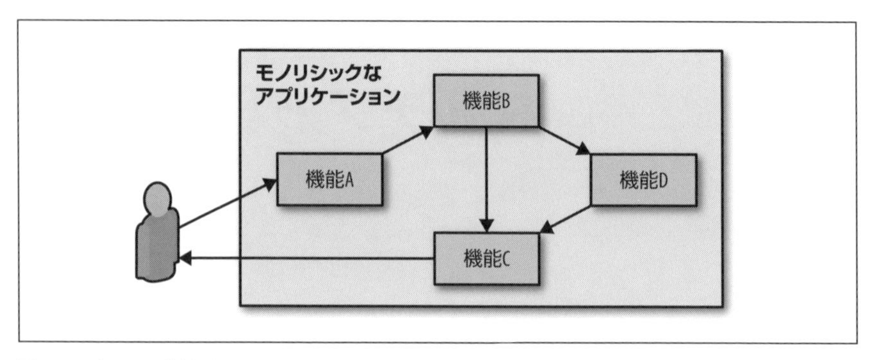

図Ⅱ-1 すべての機能が1つのコンテナに入ったモノリシックなサービス

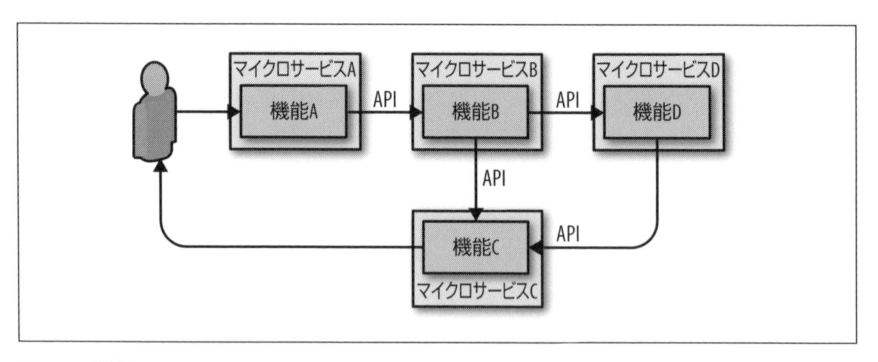

図Ⅱ-2 各機能が別のマイクロサービスに分けられたマイクロサービスアーキテクチャ

マイクロサービスのやり方にはたくさんの利点がありますが、その多くは信頼性とすばやさに関連するものです。マイクロサービスでは、アプリケーションを小さな部品に分け、それぞれが1つのサービスを提供することに集中します。このようにスコープを狭めることで、それぞれのサービスは「ピザ2枚分」のチームが開発し運用できるようになります。チームサイズを小さくすると、チームの焦点を合わせ、方向性を一致させることに関するオーバーヘッドも小さくなります。

さらに、マイクロサービス間にしっかりしたAPIを導入することでチームを分離し、サービス間に信頼性の高い決め事を作ることにつながります。しっかりした決め事があることで、APIを提供する側のチームは何を変えないようにしなければならないかが理解でき、APIを利用する側のチームは細かいことを気にしなくても安定したサービスに依存できます。このため、チーム間が同期して動く必要性を下げてくれます。このような分離によって、各チームは独立してコードやリリーススケジュールを管理できるので、チームの能力を反復して改善したり、コードを改善したりできます。

また、マイクロサービスの分離によって、スケールするのも容易になります。各コンポーネントが独自のサービスに分割されているので、それぞれ独立してスケールできるのです。1つの大きなアプリケーション内の各サービスが同じ比率で、あるいは同じ方法でスケールすることはめったにありません。あるシステムはステートレスで水平スケールすればよい一方で、別のシステムは状態を保持する必要があるので、シャーディングなどの違った方法でのスケールが必要ということもあります。サービスを別々にすることで、各サービスはそれぞれに最適な方法でのスケールが可能になります。このようなことは、各サービスが1つのモノリスの一部になってしまっている時には、実現不可能です。

しかし、システムのデザインにおけるマイクロサービスの方法には、欠点もあります。1つは、システムが疎結合なため、問題が起きた時のデバッグがずっと難しくなるという点です。どれかのアプリケーションにデバッガをロードして、何が悪いのかを調査することはできません。あらゆるエラーは、別々のマシン上で動いている多数のシステムからの副産物になります。このような環境では、挙動の再現をデバッガで行うのはかなり難しくなります。こういった背景から、マイクロサービスベースのシステムはデザインや設計が難しいというのが、もう1つの欠点です。マイクロサービスベースのシステムは、サービス間通信に複数の方式を使い、違ったパターン（同期、非同期、message passing など）が存在し、サービス間の協調や制御にもさまざまな方法があるのです。

これらの問題が、分散パターンを使う動機になります。マイクロサービスアーキテクチャがよく知られたパターンから構成されていれば、パターンでデザインのやり方が定義されているのでデザインしやすくなります。また、同じパターンを使ったいろいろなシステムでやり方を学ぶことができるので、開発者がシステムをデバッグしやすくなるという利点もあります。

これらを念頭に置いて、ここでは分散システムを構築するためのマルチノードパターンを紹介します。これらのパターンはお互いに排他的なものではありません。現実のどんなシステムも、1つのハイレベルなアプリケーションを作るため、これらのパターンを組み合わせて構成されているのです。

5章
レプリカがロードバランスされたサービス

最もシンプルで、最も馴染みがある分散パターンは、レプリカがロードバランスされたサービスです。このようなサービスでは、各サーバはそれぞれ全く同じで、すべて同じようにトラフィックを処理できます。このパターンは、数を増減できるサーバと、その前段に置かれたロードバランサで構成されます。ロードバランサは完全なラウンドロビンか、何らかのセッション維持（session stickiness）の仕組みを使うことが多いです。この章では、そのようなサービスをKubernetes上にデプロイする具体例を取り上げます。

5.1 ステートレスなサービス

ステートレスなサービスは、正常に動作するために状態（state）を保存しておく必要がないものを言います。最もシンプルなステートレスアプリケーションは、個々のリクエストがサービス内の全く別なインスタンスにルーティングされることもあり得ます（図5-1）。ステートレスなサービスの例には、静的コンテンツのサーバから、たくさんのいろいろなバックエンドシステムからのレスポンスを受け取って集約する複雑なミドルウェアシステムまでが含まれます。

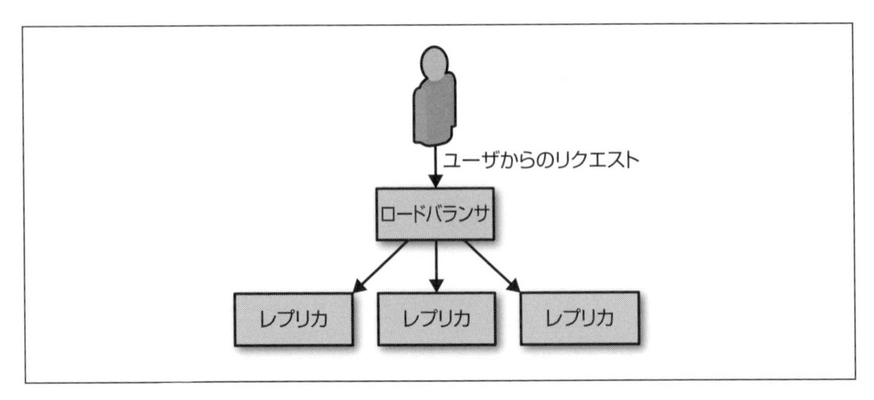

図5-1 基本的なステートレスなサービス

ステートレスなシステムは、冗長性とスケールのために複製されています。サービスが小さい場合でも、「可用性が高い」と言えるSLA（Service level agreement）を満たすサービスにするには、最低2つのレプリカが必要です。この理由を理解するため、スリーナイン（99.9%）の可用性を実現しようとしていると考えてみましょう。**スリーナインのサービス**では、1日あたり1.4分のダウンタイム（24 × 60 × 0.001）があり得ます。障害が起きないシステムだと仮定すると、1インスタンスしかない状態でSLAを実現するには、1.4分以内でなら（ダウンタイムありの）ソフトウェアアップグレードができることになります。これは、毎日ソフトウェアの展開をしている場合です。あなたのチームが継続的デリバリを広く取り入れていて毎時間ソフトウェアのバージョンアップをしているなら、1インスタンスで99.9%のSLAを実現するには、1回あたり3.6秒以内にソフトウェアの展開ができるようにする必要があります。3.6秒より長くかかると、0.01%以上のダウンタイムが発生したことになります。

このような状況で可用性を高めるには、前段にロードバランサを置き、サービスに2つのレプリカを持つようにすればよいのです。ソフトウェアの展開を行っている間、あるいは（あまりないでしょうけれど）ソフトウェアが動かなくなった時でも、ユーザはサービスの他のレプリカからサービスを受けられるので、何が起きているか知ることはないでしょう。

サービスが大きく成長するにつれて、たくさんのユーザをさばく目的でもレプリカを作ることになります。**水平方向にスケーラブル**なシステムなら、レプリカを追加することでそれだけ多くのユーザリクエストに対処できます（図5-2参照）。このようなシステムは、水平スケールするためにロードバランスされたサービスのパターンを使用しています。

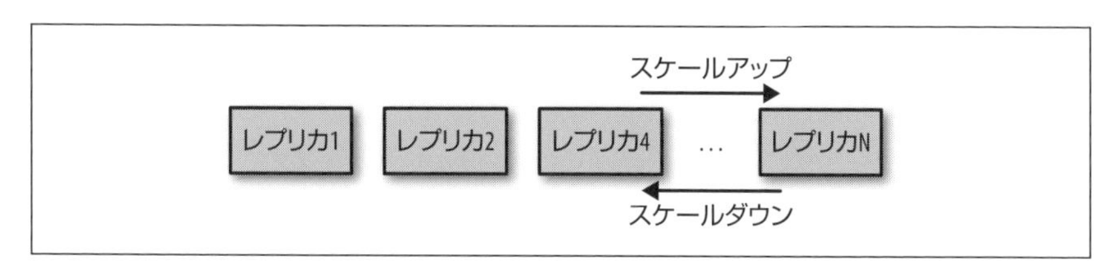

図5-2 ステートレスなレプリカを使った水平スケールするアプリケーション

5.1.1 ロードバランスのためのReadiness Probe

サービスを複製してロードバランサを追加するのは、ステートレスなレプリカを使用したサービスの一部でしかありません。レプリカを使ったサービスをデザインする際、ロードバランサに情報を提供するのにReadiness Probeを作ってデプロイするのも、合わせて重要です。アプリケーションを再起動する必要があるかを判断するのに、コンテナオーケストレーションシステムでヘルスチェックを使えることを説明しました。それと比較してReadiness Probeは、アプリケーションがユーザからのリクエストに応答する準備が整っているかどうかを判断します。アプリケーションはデータベースに接続したり、プラグインをロードしたり、ネットワークから必要なファイルをダウンロードしたりする必要があるかもしれません。そのようなタイミングでは、コンテナは**起動**（alive）してはいますが、**準備ができている**（ready）とはいえません。レプリカを使ったサービスパターンを実装する際には、Readiness Checkを実装した特別なURLを作っておくのを忘れないようにしましょう。

5.1.2 ハンズオン：Kubernetes上でのレプリカを使ったサービスの構築

これから述べる手順は、ロードバランサ配下にステートレスなレプリカを置いたサービスをデプロイする具体例です。ここではKubernetesコンテナオーケストレータを使用しますが、パターン自体はいろいろなコンテナオーケストレータ上に実装できるはずです。

まず最初に、辞書から取り出した単語の定義を提供する、Node.jsの小さなアプリケーションを作ります。

次のように、コンテナイメージを使ってこのサービスを動かします。

```
docker run -p 8080:8080 brendanburns/dictionary-server
```

これで、ローカルマシン上でシンプルな辞書サーバが動きます。例えば、http://localhost:8080/dogを開くと、dogという単語の定義が表示されます。

コンテナのログを確認すると、すぐにサービスが開始される様子が分かります。しかし使用可能になるのは、ネットワークから辞書（8MBほどあります）がダウンロードされた時点です。

これをKubernetesにデプロイするには、Deploymentを使います。

```
apiVersion: apps/v1
kind: Deployment
metadata:
  name: dictionary-server
spec:
  selector:
    matchLabels:
      app: dictionary-server
  replicas: 3
  template:
    metadata:
      labels:
        app: dictionary-server
    spec:
      containers:
      - name: server
        image: brendanburns/dictionary-server
        ports:
        - containerPort: 8080
        readinessProbe:
          httpGet:
            path: /readyz
            port: 8080
          initialDelaySeconds: 5
          periodSeconds: 5
```

この内容をdictionary-deploy.yamlとして保存し、以下のコマンドを実行すると、ステートレスなレプリカを使用したサービスを作成できます。

```
kubectl create -f dictionary-deploy.yaml
```

これで複数のレプリカが作成されたので、リクエストをレプリカに送るためのロードバランサが必要です。ロードバランサは負荷を分散すると共に、サービスの利用者からサービスを分離する役割も担っています。また、特定のレプリカから独立した、名前解決可能な名前もロードバランサにつけられます。

Kubernetesでは、Serviceオブジェクトを使ってロードバランサを作成します。

```
apiVersion: v1
kind: Service
metadata:
  name: dictionary-server-service
spec:
  selector:
    app: dictionary-server
  ports:
    - protocol: TCP
      port: 8080
      targetPort: 8080
```

この内容をdictionary-service.yamlとして保存し、以下のコマンドを実行すると、辞書サービスを作成できます。

```
kubectl create -f dictionary-service.yaml
```

5.2　セッションを保存するサービス

ステートレスなレプリカを使ったパターンの例では、全ユーザのリクエストを全レプリカにルーティングしていました。この方法だと負荷を分散したり耐障害性を持たせたりするのには役立ちますが、いつでも最適な方法と言うわけではありません。特定のユーザのリクエストを同じマシンに送りたいと言う場合もあります。これは、ユーザのデータをメモリにキャッシュしておくことで、同じマシンにアクセスするとキャッシュヒット率が上がるようにしたい場合に当てはまります。あるいは、やり取りが長く続く傾向があるので、リクエストごとに一定の状態を保持しておく必要がある場合もあるでしょう。理由によらず、ステートレスでレプリカを使ったサービスのパターンは、セッションを保存し、あるユーザのリクエストすべてが同じレプリカに送られるようなサービスにも利用できます（図5-3）。

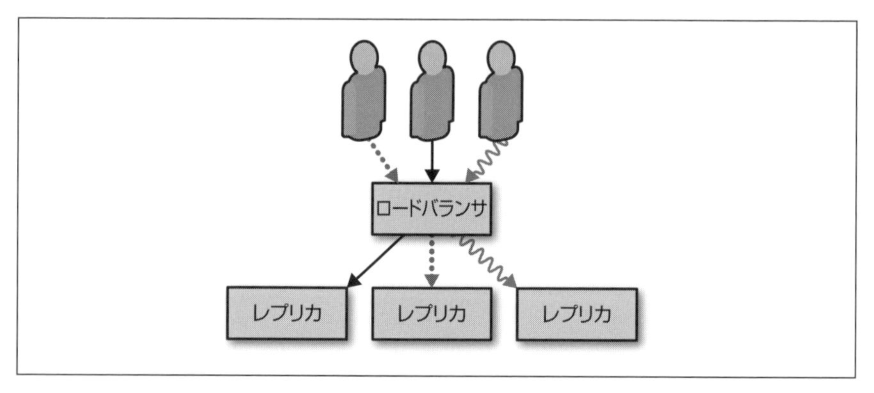

図5-3　あるユーザのすべてのリクエストが同じインスタンスに送られるセッション保存サービス

一般的にこのようなセッションの保存では、送信元あるいは送信先のIPアドレスのハッシュを取り、それをどのサーバがリクエストを処理すべきかの判断に使います。そのため、送信元や送信先のIPアドレスが変わらない限り、リクエストは同じレプリカに送られます。

IPベースのセッション保存はクラスタ内（内部IPを使った場合）では動作しますが、外部IPアドレスを使用した場合、NAT（network address translation）のため正常に動作しないことが多いです。外部セッションの保存には、アプリケーションレベルでセッションを保存（Cookieを利用するなど）した方がよいでしょう。

セッションの保存は**コンシステントハッシュ関数**（consistent hashing function）を使って行われることが多いでしょう。サービスがスケールアップしたりスケールダウンしたりすると、この利点が明確になります。レプリカの数が変わると、ユーザとレプリカのマッピングが変更されます。コンシステントハッシュ関数を使うと、マップされたレプリカが変わるユーザの数を最小化でき、アプリケーションをスケールする時の影響を小さくできます。

5.3 アプリケーションレイヤでレプリカを扱うサービス

ここまでの例では、レプリケーションとロードバランスは、サービスのネットワークレイヤで行われていました。ロードバランスは、ネットワークで使われているTCP/IPより上のレイヤの実際のプロトコルとは関係ありませんでした。しかし、相互に通信するにあたってHTTPを利用するアプリケーションはたくさんあり、アプリケーションレイヤのプロトコルの知識があれば、追加機能を実現するためにパターンを改善することも可能です。

5.4 キャッシュレイヤの導入

ステートレスなサービスでも、コードの実行に時間がかかる場合もあるでしょう。リクエストに応答するためにデータベースに問い合わせたり、レンダリングやデータ処理に長い時間がかかるかもしれません。そのような場合には、キャッシュを行うレイヤを導入するのがよいでしょう。キャッシュは、ステートレスなアプリケーションとエンドユーザからのリクエストの間にあります。キャッシングプロキシは、ユーザリクエストをメモリに保存しておくHTTPサーバです。2ユーザが同じWebのページをリクエストすると、1つめのリクエストだけがバックエンドで処理され、もう1つのリクエストにはキャッシュメモリから応答が返ります。これを示したのが図5-4です。

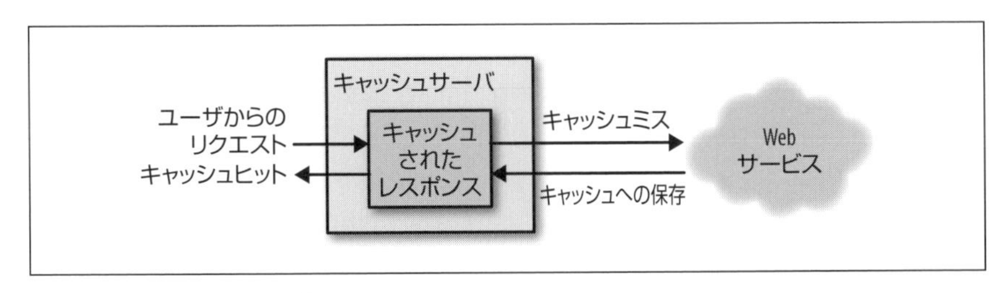

図5-4 キャッシュサーバの処理

ここでは、オープンソースのWebキャッシュであるVarnish（https://varnish-cache.org/）を使用します。

5.4.1 キャッシュのデプロイ

Webキャッシュをデプロイするには、サイドカーパターンを使ってWebサーバの各インスタンスと一緒に配置するのが最もシンプルな方法です（図5-5を参照）。

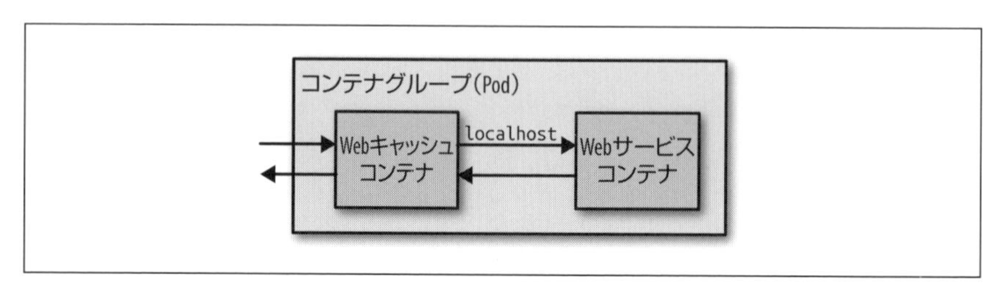

図5-5 サイドカーとしてWebキャッシュサーバを追加

この方法はシンプルではありますが、いくつか欠点もあります。その1つが、Webサーバと一緒にキャッシュもスケールする必要がある点です。これはあまり理想的な方法ではありません。キャッシュに関しては、各レプリカに多くのリソースを割り当てつつ、出来るだけ少ないレプリカで動かしたい（例えば1GB RAMを持った10レプリカより、5GB RAMを持った2レプリカの方が望ましい）からです。この理由を理解するため、すべてのページがすべてのレプリカにキャッシュされる場合を考えてみましょう。レプリカが10台の場合、各ページを10回保存しなければならず、キャッシュメモリに保存できるページの総数が少なくなってしまいます。これによって、キャッシュからリクエストに応答できた比率である**キャッシュヒット率**が下がり、ひいてはキャッシュの使用率も下がってしまいます。このようにキャッシュサーバではリソースをたくさん持つレプリカを少数用意したいのですが、Webサーバは小規模なものをたくさん用意したいところでしょう。多くの言語（例えばNode.js）は事実上シングルコアでの実行に最適化されているので、マルチコアの恩恵を受けるためには、同じマシン上であったとしても多数のレプリカがあった方が都合がよいのです。以上のことから、キャッシュレイヤは別のレプリカを使ったステートレスなサービスとして、Webサーバの上のレイヤに配置した方がよいと言えます（図5-6を参照）。

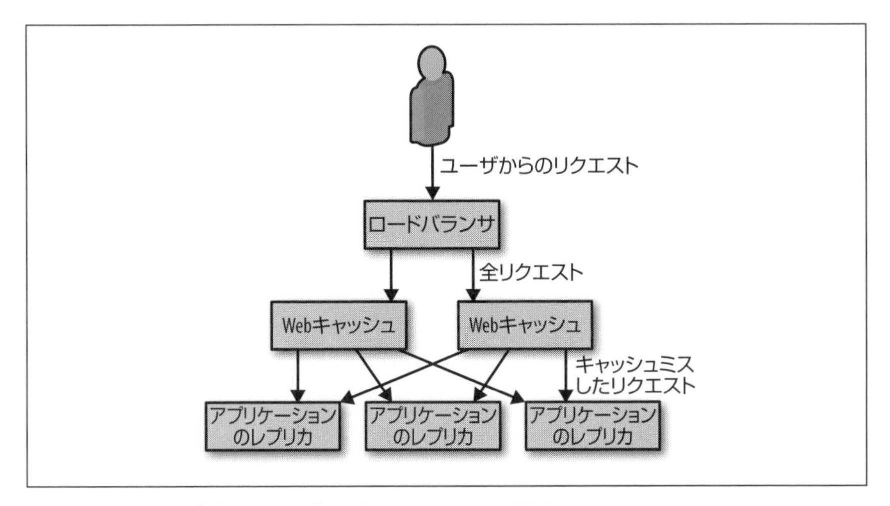

図5-6 レプリカを使用したサービスにキャッシュレイヤを追加

注意深く実装しないと、セッション保存の仕組みをキャッシュが壊す可能性があります。IPアドレスによるデフォルトのアクセス分散ルールとロードバランスを組み合わせていると、すべてのリクエストはエンドユーザではなくキャッシュサービスから送られてきたことになってしまいます。前述のアドバイスに従って、多くのリソースを割り当てた少数のキャッシュサーバしか用意していない場合、IPアドレスベースの分散ルールだと、全くトラフィックが来ないWebサーバもあるでしょう。このような場合、CookieやHTTPヘッダのようなセッション保存の仕組みを使う必要があります。

5.4.2 ハンズオン：キャッシュレイヤのデプロイ

辞書サーバのサービスは、トラフィックを辞書サーバに送ると共に、dictionary-server-serviceというDNS名でディスカバリ可能になります。これを表したのが図5-7です。

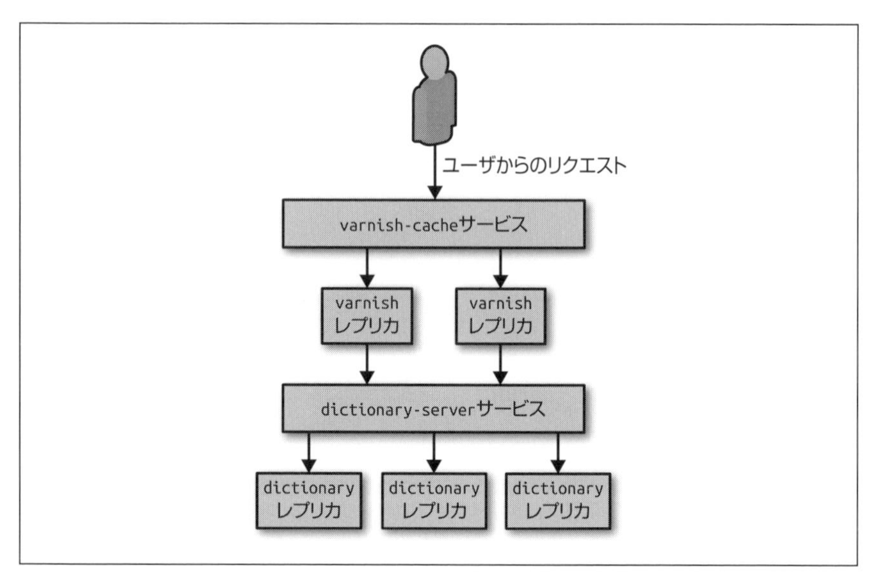

図5-7 辞書サーバにキャッシュレイヤを追加

これを実現するためのVarnishのキャッシュ設定は次のようになります。

```
vcl 4.0;
backend default {
  .host = "dictionary-server-service";
  .port = "8080";
}
```

この内容をdefault.vclとして保存し、以下のコマンドを実行し、設定を保持したConfigMapオブジェクトを作成しましょう。

```
kubectl create configmap varnish-config --from-file=default.vcl
```

これで、設定をロードするVarnishキャッシュのレプリカをデプロイできます。

```
apiVersion: apps/v1
kind: Deployment
metadata:
```

```
  name: varnish-cache
spec:
  selector:
    matchLabels:
      app: varnish-cache
  replicas: 2
  template:
    metadata:
      labels:
        app: varnish-cache
    spec:
      containers:
      - name: cache
        resources:
          requests:
            # Varnishキャッシュサーバごとに2GiB使用
            memory: 2Gi
        image: brendanburns/varnish
        command:
        - "varnishd"
        - "-F"
        - "-f"
        - "/etc/varnish-config/default.vcl"
        - "-a"
        - "0.0.0.0:8080"
        - "-s"
        # ここのメモリ割り当ては上で指定したメモリ容量と合わせる
        - "malloc,2G"
        ports:
        - containerPort: 8080
        volumeMounts:
        - name: varnish
          mountPath: /etc/varnish-config
      volumes:
      - name: varnish
        configMap:
          name: varnish-config
```

この設定をvarnish-deploy.yamlとして保存し、次のコマンドでVarnishサーバのレプリカをデプロイできます。

```
kubectl create -f varnish-deploy.yaml
```

それから、Varnishキャッシュ用のロードバランサをデプロイします。

```
apiVersion: v1
kind: Service
metadata:
  name: varnish-service
spec:
  selector:
    app: varnish-cache
  ports:
    - protocol: TCP
      port: 80
      targetPort: 8080
```

この設定をvarnish-service.yamlとして保存し、次のコマンドで作成できます。

```
kubectl create -f varnish-service.yaml
```

5.5 キャッシュレイヤの拡張

ステートレスなレプリカを使ったサービスに、キャッシュレイヤを追加できました。次は、このレイヤが単なるキャッシュ以上にどんなことができるかを見てみましょう。VarnishのようなHTTPリバースプロキシは、プラガブルで、キャッシュ以外にも便利なさまざまな機能を提供できることが多いです。

5.5.1 帯域制限とDoS攻撃に対する防御

DoS攻撃に遭う可能性を考えてサイトを作ったことがある人は少数派でしょう。しかし、多くの人がAPIを作るようになるにつれて、開発者がクライアントの設定を間違ったり、SREが本番環境に負荷テストをかけてしまったりして、結果的にDoS攻撃になってしまうこともあり得ます。したがって、キャッシュレイヤに対する帯域制限を使って、DoS攻撃に対する一般的な防御の仕組みを追加するべきでしょう。Varnishのような HTTP リバースプロキシの多くは、これを実現できる機能を持っています。Varnishには、IPアドレスとリクエスト先のパス、ユーザがログインしているかどうかなどを元にスロットルをかけられる、throttleモジュールがあります。

APIをデプロイしようとしているなら、匿名アクセスには比較的厳しい制限をかけ、制限を緩和したいならユーザにログインさせるのがよいでしょう。ログインを必要にすることで、意図しない負荷上昇が誰の責任なのか監査できます。また、攻撃しようとしている人に対しては、攻撃のために複数のアカウントを取得する必要があるという点で攻撃のハードルを上げられます。

ユーザが制限に達したら、サーバは大量のリクエストが発行されたことを表すエラーコード429を返します。しかし、多くのユーザは制限に達するまであとどのくらいリクエストできるのかを知りたいでしょう。このような場合、残りリクエスト回数の情報を入れたHTTPヘッダも追加しましょう。このようなデータを入れるヘッダの標準仕様は決まっていませんが、多くのAPIではX-RateLimit-Remainingやこれに近いものを使っています。

5.5.2 SSL終端

パフォーマンス改善のためにキャッシュを使う他に、SSL終端もエッジレイヤでよく行われる処理の1つです。クラスタ内のレイヤ間での通信にSSLを使う場合、エッジと内部サービスでは別々の証明書を使うべきです。また、各レイヤを別々に展開できるよう、各内部サービスは独自の証明書を使いましょう。残念ながらVarnishはSSL終端に使えませんが、nginxなら可能です。そこでステートレスアプリケーションのパターンに、3番目のレイヤ、すなわちSSL終端処理を行いVarnishキャッシュにトラフィックを転送するnginxサーバのレプリカを追加します。引き続きHTTPのトラフィックはVarnishに送られ、VarnishはそれをWebアプリケーションに転送します。その仕組みを図示したのが図5-8です。

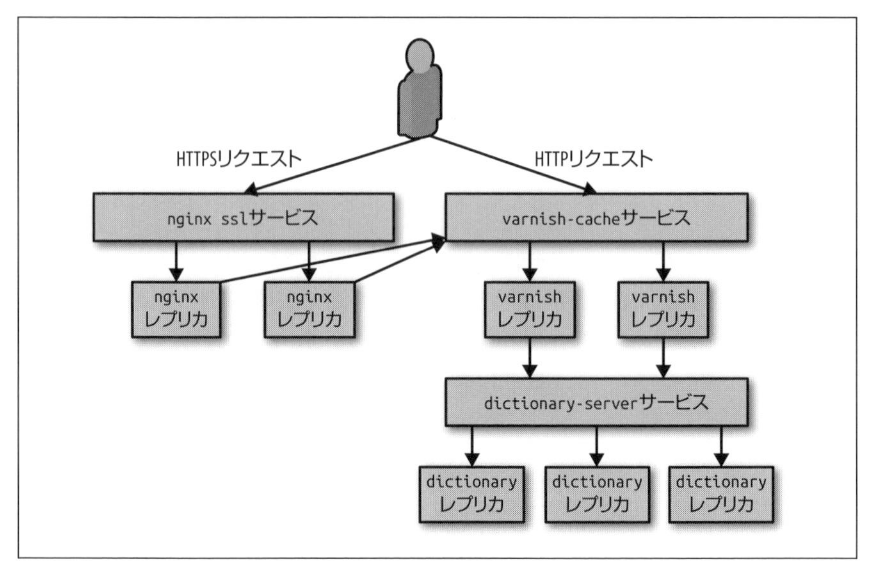

図5-8 ステートレスなレプリカを使ったサービスの完全な例

5.5.3 ハンズオン：nginxとSSL終端のデプロイ

SSL終端を行うnginxのレプリカを、ここまでデプロイしたキャッシュに追加する手順を見ていきます。

この手順は、SSL証明書がすでに手許にある前提で書いてあります。証明書をこれから取得する必要があるなら、Let's Encrypt（https://letsencrypt.org/）のツールを使うのが簡単です。あるいは、opensslを使って自己署名証明書を作ることもできます。これ以降の手順では、server.crt（証明書）とserver.key（サーバ上の秘密鍵）の各ファイルがある前提で書いてあります。自己署名証明書の場合、最近のWebブラウザではセキュリティ警告が表示され、本番環境では利用すべきではありません。

まず最初に、Kubernetes に Secretとして証明書をアップロードしましょう。

```
kubectl create secret tls ssl --cert=server.crt --key=server.key
```

Secretとして証明書をアップロードしたら、SSLで応答できるよう nginx の設定を作る必要があります。

```
events {
  worker_connections  1024;
}

http {
  server {
    listen 443 ssl;
    server_name my-domain.com www.my-domain.com;
    ssl on;
    ssl_certificate         /etc/certs/tls.crt;
    ssl_certificate_key     /etc/certs/tls.key;
    location / {
      proxy_pass http://varnish-service:80;
      proxy_set_header Host $host;
      proxy_set_header X-Forwarded-For $proxy_add_x_forwarded_for;
      proxy_set_header X-Forwarded-Proto $scheme;
      proxy_set_header X-Real-IP $remote_addr;
    }
  }
}
```

この設定を nginx.conf として保存します。Varnish と同じように、次のコマンドでこれを ConfigMapオブジェクトに変換します。

```
kubectl create configmap nginx-conf --from-file=nginx.conf
```

これでSecretとnginxの設定ができたので、nginxレイヤを作ります。

```
apiVersion: apps/v1
kind: Deployment
metadata:
  name: nginx-ssl
spec:
  selector:
    matchLabels:
      app: nginx-ssl
  replicas: 4
  template:
    metadata:
      labels:
        app: nginx-ssl
    spec:
      containers:
      - name: nginx
        image: nginx
        ports:
        - containerPort: 443
        volumeMounts:
        - name: conf
          mountPath: /etc/nginx
        - name: certs
          mountPath: /etc/certs
      volumes:
      - name: conf
        configMap:
          # 前に作成したnginx向けのConfigMap
          name: nginx-conf
      - name: certs
        secret:
          # 直前に作ったSecret
          secretName: ssl
```

この設定を nginx-deploy.yaml として保存し、nginx サーバを次のコマンドで作成します。

```
kubectl create -f nginx-deploy.yaml
```

最後に、この nginx SSL サーバを Serviceを使って公開します。

```
apiVersion: v1
kind: Service
metadata:
  name: nginx-service
spec:
  selector:
    app: nginx-ssl
  type: LoadBalancer
  ports:
    - protocol: TCP
      port: 443
      targetPort: 443
```

この設定を nginx-service.yaml として保存し、ロードバランスする Serviceを次のコマンドで作成します。

```
kubectl create -f nginx-service.yaml
```

外部ロードバランサをサポートしている Kubernetes クラスタを使っている場合、パブリック IP でサービスできる外部からアクセス可能な Serviceが作られます。

IP アドレスを確認するには、次のコマンドを実行します。

```
kubectl get services
```

それから、ブラウザでこの Serviceにアクセスしてみましょう。

5.6 まとめ

この章では、ステートレスなレプリカを使ったサービスのシンプルなパターンを取り上げました。それからこのパターンを、パフォーマンス改善のためのキャッシュと、Webサービスのセキュア化のためのSSL終端を行うロードバランスされたレイヤに拡張する方法を見てきました。このパターンの完成形は、図5-8に描かれています。

図5-8にあるように、このパターンは3つの Deployment と、レイヤ間を接続する Service ロードバランサから構成されています。この例のソースコードは、https://github.com/brendandburns/designing-distributed-systemsにあります[†1]。

†1 訳注：日本語版独自の情報として、原著の間違いなどを修正するなどしたサンプルコードをhttps://github.com/doublemarket/designing-distributed-systemsからダウンロードできます。

6章 シャーディングされたサービス

5章では、信頼性の向上、冗長性の実現、スケーラビリティの観点から、ステートレスなレプリカを使ったサービスの利点を見てきました。この章では、シャーディングされたサービスを取り上げます。レプリカを使ったサービスでは、各レプリカは完全に同一で、どのリクエストにも対応できました。それに対してシャーディングされたサービスでは、各レプリカ（**シャード**）は、リクエストの一部に対してのみ応答できます。ロードバランスを行うノード（**ルート**）が、各リクエストをチェックし、処理を行う適切なシャードに対してリクエストを分散する責任を負います。レプリカを使ったサービスとシャーディングされたサービスの違いを表したのが、図6-1です。

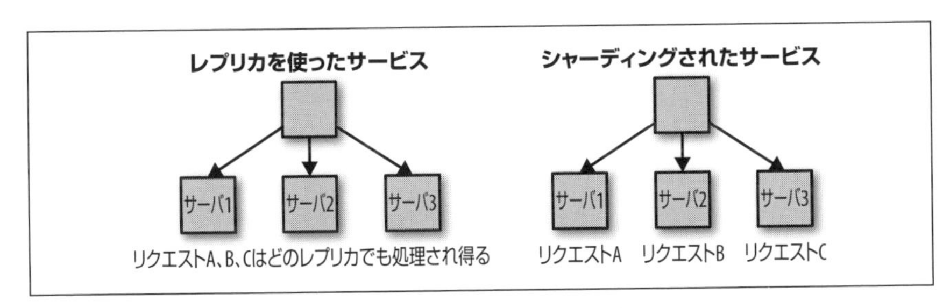

図6-1　レプリカを使ったサービスとシャーディングされたサービス

通常、レプリカはステートレスなサービスを作るのに使われ、シャーディングはステートフルなサービスを作るのに使われます。データをシャーディングするのは、保存すべき状態データのサイズが、1台のマシンで処理するには大きすぎることが主な理由です。シャーディングを使うことで、保存すべき状態データが大きくなった時にサービスをスケールできます。

6.1　シャーディングされたキャッシュ

ここでは、シャーディングされたシステムの設計例として、シャーディングされたキャッシュのシステムの仕組みを深く見ていきましょう。**シャーディングされたキャッシュ**とは、ユーザのリクエストとフロントエンドの間に位置するキャッシュです。このシステムの構成を表したのが図6-2です。

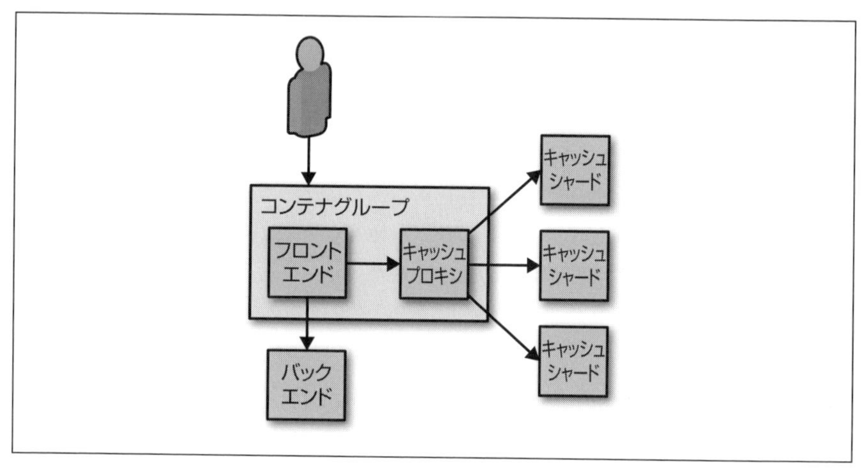

図6-2　シャーディングされたキャッシュ

3章で、シャーディングされたサービスへのデータの分散にアンバサダを使う方法を学びました。ここでは、そのようなサービスを作る方法について取り上げます。シャーディングされたキャッシュをデザインする時には、いくつかの点に注意する必要があります。

- シャーディングされたキャッシュの必要性
- アーキテクチャ内でのキャッシュの役割
- シャーディングされたキャッシュのレプリカ
- シャーディング関数

6.1.1 シャーディングされたキャッシュの必要性

この章の最初でお話ししたように、サービスをシャーディングする理由は、サービス内に保存可能なデータのサイズを大きくすることです。これがなぜキャッシュシステムを助けることになるのか理解するには、次のようなシステムを考えてみればよいでしょう。各キャッシュにはデータの保存に使える10GBのRAMがあり、秒間100リクエスト（request per seconds、RPS）処理できるとしましょう。また、応答する可能性のあるデータは全部で200GBあり、1,000RPSが期待されるとします。1,000RPSを処理するのにキャッシュのレプリカが10必要なのは明らかです（10レプリカ×1レプリカあたり100RPS）。このサービスを実現する最もシンプルな方法は、5章で取り上げたレプリカを使ったサービスの構成を取ることです。しかし、そのまま10レプリカにしてしまうと、返されるデータのうちキャッシュできるデータの容量は、最大でも全体の5%（10GB/200GB）でしかありません。これは、それぞれのキャッシュレプリカは独立していて、各レプリカはほとんど同じデータをキャッシュに持つことになるからです。これは冗長性の観点ではよいのですが、メモリ使用率を最大化するという点では最悪です。この代わりに10台のシャーディングされたキャッシュを用意すれば、処理できるアクセス数は変わらないのに、各キャッシュが別々のデータを持つことになるので、全体の50%（10 × 10GB/200GB）のデータをキャッシュできます。各キーはどれか1台のキャッシュサーバにしか存在しないことになるので、キャッシュできるサイズが10倍になり、キャッシュメモリがより効率的に使用されていることになります。

6.1.2 アーキテクチャ内でのキャッシュの役割

キャッシュがどのようにエンドユーザに対するパフォーマンスとレイテンシを最適化するのかは、5章で取り上げました。しかしそこで触れなかったことに、アプリケーションのパフォーマンス、信頼性、安定性にキャッシュがどれだけ重要かという点があります。

つまり、ここで答えを考えるべき重要な質問は、キャッシュが壊れた場合、ユーザやサービスに対してどんな影響があるかです。

キャッシュのレプリカでは、キャッシュ自体は水平にスケールし、どれかのレプリカが障害になっても一時的な問題しか発生しないので、この質問はあまり関係ありませんでした。また、負荷が大きくなってもユーザに影響なく水平にスケールできます。

これは、シャーディングされたキャッシュを考えると変わります。特定のユーザあるいはリクエストは同じシャードに常にマッピングされるので、シャードが壊れると、そのユーザあるいはリクエストはシャードが復活するまでキャッシュミスが発生してしまいます。キャッシュ上のデータは一時的なものなので、キャッシュミス自体は問題にはならず、システムはそのデータをまた処理し直すだけです。しかし、処理のし直しはキャッシュからデータを返すよりずっと遅いので、エンドユーザに対する影響が予想されます。

キャッシュのパフォーマンスは、**キャッシュヒット率**で表されます。キャッシュヒット率は、ユーザリクエストに対するデータがキャッシュに含まれている比率です。キャッシュヒット率は、分散システム全体のキャパシティを決め、システム全体のキャパシティとパフォーマンスに影響します。

リクエストの処理レイヤでは1,000RPSを処理できるとしましょう。1,000RPSを超えるリクエストを受けたら、システムはHTTP 500エラーをユーザに返し始めます。このレイヤの前段にヒット率が50%のキャッシュを配置すると、最大RPSは1,000RPSから2,000RPSに増えます。これは、2,000RPSのうち1,000（50%）をキャッシュから返し、残りの1,000リクエストを処理レイヤから返せるようになることを意味します。この例においては、キャッシュが壊れると処理レイヤは過負荷状態になってしまい、半分のリクエストの処理は失敗してしまうことになるので、リクエストに応答するそのキャッシュはサービスにとってかなり重大な存在です。したがって、システムが受ける最大リクエスト数を、最大許容リクエスト数である2,000RPSではなく、1,500RPSに抑えておくべきです。そうすればキャッシュレプリカの半分が障害を起こしても、サービスは安定して処理を継続できます。

とはいえ、システムのパフォーマンスは処理できるリクエスト数の観点だけで決められるわけではありません。システムのエンドユーザに対するパフォーマンスは、リクエストの**レイテンシ**によっても決まります。結果を最初から計算する時間に比べて、キャッシュから応答を返す時間は一般的にはずっと短くなります。つまり、キャッシュは処理できるリクエスト総数を増やすのに加えてリクエストの応答速度も改善できるのです。システムはユーザからのリクエストに100msで応答できると考えてみましょう。ここに、10msで応答を返せる25%のヒット率を持つキャッシュを追加すると、平均のレイテンシは77.5msになります。最大の秒間リクエスト数の計算と違って、キャッシュは単にリクエストへの応答を早くします。そのため、キャッシュが壊れたり更新された時に応答が遅くなるかもしれないという心配は少なくて済みます。しかし、応答時間が長くなることでリクエストのキューが長くなりすぎて、タイムアウトしてしまう可能性があります。システム全体のパフォーマンスに対するキャッシュの影響を把握するため、キャッシュありとなしの両方でいつも負荷テストを行うことをおすすめします。

なお、考えるべきは障害だけではありません。シャーディングされたキャッシュをアップグレードしたりデプロイし直したりすると、新しいレプリカがデプロイされるだけでなく、負荷も上がる可能性が高いと考えましょう。シャーディングされたキャッシュの新しいバージョンをデプロイすることはつまり、一時的にある程度のキャパシティを失うことを意味します。ここで考えに入れるべきは、シャードのレプリカを作ることです。

6.1.3 シャーディングされたキャッシュのレプリカ

レイテンシや負荷の点でキャッシュへの依存が強く、障害やソフトウェアの展開を行う際でもキャッシュ全体がなくなるのは許容できない場合もあるでしょう。あるいは、特定のキャッシュシャードへの負荷が非常に高く、負荷を下げるためにスケールが必要な場合もあるでしょう。このような時には、シャーディングされたキャッシュのレプリカを作ることを考えましょう。シャーディングされ、かつ複製されたサービスは、5章で説明したレプリカを使ったサービスのパターンと、シャーディングされたパターンを組み合わせたものです。簡単に言えば、キャッシュ内の各シャードを1台のサーバで実装する代わりに、各シャードをレプリカを使ったサービスにしてしまうということです。

このデザインの実装やデプロイは複雑になりますが、シンプルなシャーディングされたサービスに比べていくつかの利点があります。最も重要なのは、1台のサーバをレプリカ群で置き換えることで、各キャッシュシャードが障害に対して回復力を持ち、障害の間も稼働できるという点です。キャッシュシャードの障害によるパフォーマンス悪化に耐えられるようにするのではなく、キャッシュによるパフォーマンス改善をあてにできるようになります。シャードのキャパシティを増やしても構わないなら、負荷の少ない時間帯を待たなくても、ピーク時のトラフィックを受けている間にキャッシュの展開を安全に行えるようになります。

また、各キャッシュシャードのレプリカ群はサービスのレプリカ群とは独立しているので、キャッシュシャードの負荷に応じて自身をスケールできます。このような「ホットシャーディング」の仕組みは、この章の最後に取り上げます。

6.1.4 ハンズオン：アンバサダのデプロイとシャーディングされた memcached

3章では、シャーディングされたRedisサービスをデプロイする方法を説明しました。シャーディングされたmemcachedのデプロイも似ています。

まず、Kubernetesの`StatefulSet`を使ってmemcachedをデプロイしましょう。

```
apiVersion: apps/v1
kind: StatefulSet
metadata:
  name: memcache
spec:
  selector:
    matchLabels:
      app: memcache
  serviceName: "memcache"
  replicas: 3
  template:
    metadata:
      labels:
        app: memcache
    spec:
      terminationGracePeriodSeconds: 10
      containers:
      - name: memcache
        image: memcached
        ports:
        - containerPort: 11211
          name: memcache
```

この設定をmemcached-shards.yamlとして保存し、以下のコマンドを実行すると、memcachedのコンテナが3つ作成されます。

```
kubectl create -f memcached-shards.yaml
```

シャーディングされたRedisの例と同じく、レプリカに対するDNS名を提供するKubernetesの`Service`を作成する必要があります。この設定は次のようになります。

```
apiVersion: v1
kind: Service
metadata:
  name: memcache
  labels:
    app: memcache
spec:
  ports:
  - port: 11211
    name: memcache
  clusterIP: None
  selector:
    app: memcache
```

この設定をmemcached-service.yamlとして保存し、以下のコマンドを実行すると、`memcache-0.memcache`、`memcache-1.memcache`…といったDNSエントリが作成されます。

```
kubectl create -f memcached-service.yaml
```

またこれもRedisの例と同じく、twemproxy（https://github.com/twitter/twemproxy）からこのDNS名を使いましょう。

```
memcache:
  listen: 127.0.0.1:11211
  hash: fnv1a_64
  distribution: ketama
  auto_eject_hosts: true
  timeout: 400
  server_retry_timeout: 2000
  server_failure_limit: 1
  servers:
    - memcache-0.memcache:11211:1
    - memcache-1.memcache:11211:1
    - memcache-2.memcache:11211:1
```

この設定をnutcracker.yamlとして保存して下さい。この設定では、アプリケーションコンテナがアンバサダにアクセスできるよう、memcachedプロトコルを使ってlocalhost:11211でサービスを提供しています。以下のコマンドを実行すると、KubernetesのConfigMapオブジェクトを使って、アンバサダPodにこの設定をデプロイできます。

```
kubectl create configmap twem-config --from-file=./nutcracker.yaml
```

これで準備が完了したので、アンバサダの例をデプロイできます。Podの定義は次のようになります。

```
apiVersion: v1
kind: Pod
metadata:
  name: sharded-memcache-ambassador
spec:
  containers:
    # ここにアプリケーションコンテナの設定を入れる。以下は例
    # - name: nginx
    #   image: nginx
    # これ以降アンバサダコンテナの設定
    - name: twemproxy
      image: ganomede/twemproxy
      command:
      - "nutcracker"
      - "-c"
      - "/etc/config/nutcracker.yaml"
      - "-v"
      - "7"
      - "-s"
      - "6222"
      volumeMounts:
      - name: config-volume
        mountPath: /etc/config
  volumes:
    - name: config-volume
      configMap:
        name: twem-config
```

この設定を memcached-ambassador-pod.yaml として保存し、以下のコマンドを実行して下さい。

```
kubectl create -f memcached-ambassador-pod.yaml
```

もちろんアンバサダパターンを使いたくなければ使わなくても構いません。代わりに、**シャードルータ**サービスのレプリカを作る方法もあります。アンバサダとシャードルータのどちらを使うかはトレードオフの関係にあります。シャードルータを使うと、複雑さは小さくなります。シャーディングされた memcached にアクセスする全 Pod にアンバサダをデプロイする必要がなくなり、名前が付けられロードバランスされたサービスにアクセスすればよくなります。一方、シャードルータの欠点は2つあります。1つめは、負荷が増えた場合にルータをスケールさせる必要があることです。2つめは、ルータを使う分ネットワークのホップが1つ増え、レイテンシが大きくなり、分散システム全体のネットワーク帯域を増やしてしまうことです。

シャードルータをデプロイするには、ローカルホストだけでなくすべてのインタフェイスをリッスンするよう、twemproxy の設定を少し変更する必要があります。

```
memcache:
  listen: 0.0.0.0:11211
  hash: fnv1a_64
  distribution: ketama
  auto_eject_hosts: true
  timeout: 400
  server_retry_timeout: 2000
  server_failure_limit: 1
  servers:
    - memcache-0.memcache:11211:1
    - memcache-1.memcache:11211:1
    - memcache-2.memcache:11211:1
```

この設定を sharded-nutcracker.yaml として保存し、以下のコマンドを実行して ConfigMapオブジェクトを作成しましょう。

```
kubectl create configmap sharded-twem-config \
  --from-file=./sharded-nutcracker.yaml
```

これで、Deploymentを使ってシャーディングされたレプリカを使ったルータを起動できます。

```
apiVersion: apps/v1
kind: Deployment
metadata:
  name: sharded-twemproxy
spec:
  selector:
    matchLabels:
      app: sharded-twemproxy
  replicas: 3
  template:
    metadata:
      labels:
        app: sharded-twemproxy
    spec:
      containers:
      - name: twemproxy
        image: ganomede/twemproxy
        command:
        - "nutcracker"
        - "-c"
        - "/etc/config/sharded-nutcracker.yaml"
        - "-v"
        - "7"
        - "-s"
        - "6222"
        volumeMounts:
        - name: config-volume
          mountPath: /etc/config
      volumes:
      - name: config-volume
        configMap:
          name: sharded-twem-config
```

この設定を sharded-twemproxy-deploy.yaml として保存し、以下のコマンドを実行してシャーディングされたルータを作成して下さい。

```
kubectl create -f sharded-twemproxy-deploy.yaml
```

シャーディングされたルータを完成させるため、リクエストを処理するロードバランサを定義します。

```
apiVersion: v1
kind: Service
metadata:
  name: shard-router-service
spec:
  selector:
    app: sharded-twemproxy
  ports:
    - protocol: TCP
      port: 11211
      targetPort: 11211
```

この設定を shard-router-service.yaml として保存し、以下のコマンドを実行してロードバランサを作成して下さい。

```
kubectl create -f shard-router-service.yaml
```

6.2 シャーディング関数を試してみる

ここまで、シンプルなシャーディングされたサービスと、シャーディングされたレプリカを使ったキャッシュの両方の、デザインとデプロイについてお話ししてきました。しかし、シャードに対してどのようにトラフィックがルーティングされるのかについては詳しく話していません。10のシャードがあるシステムを考えてみて下さい。あるユーザのリクエストを Req とした時、このリクエストにどのシャード S を使うか判断するにはどうしたらよいでしょうか。このようなマッピングは、**シャーディング関数**が行います。シャーディング関数は、ハッシュテーブルのデータ構造を学んだ時に見たであろうハッシュ関数とよく似ています。つまり、バケットを元にしたハッシュテーブルは、シャーディングされたサービスの1つの例と言えます。Reqと Shard が与えられている時、シャーディング関数の役割はその2つを関連付けることで、次のように表せます。

$$Shard = ShardingFunction(Req)$$

シャーディング関数は、**ハッシュ関数**とモジュロ(%)演算子を使って定義することが多いです。ハッシュ関数とは、任意のオブジェクトを整数のハッシュに変換する関数です。ハッシュ関数には、シャーディングに関して次の2つの重要な特徴があります。

決定性(determinism)
: ある一意な入力に対する出力は常に同じです。

均一性(uniformity)
: 出力範囲に対する出力の分散具合は均一です。

シャーディングサービスにとって、決定性と均一性は重要な特徴です。決定性は、あるリクエストRはサービス内で必ず同じシャードに送られるという点で重要です。均一性は、負荷がシャード間で均一に分散されるという点で重要です。

幸いなことに、モダンなプログラミング言語にはさまざまな高品質のハッシュ関数が含まれています。しかし、これらのハッシュ関数の出力は、シャーディングされたサービス内のシャードの数よりもずっと大きな数を返します。したがって、モジュロ演算子(%)を使って、ハッシュ関数が適切な範囲を返すようにします。シャードが10あるシャードサービスを思い出して下さい。その場合、シャーディング関数は次のようになります。

$$Shard = hash(Req) \% 10$$

ハッシュ関数の出力が適切な決定性と均一性を持っていれば、モジュロ演算子を使ってもその性質は保持されたままになります。

6.2.1 キーの選択

シャーディング関数に関しては、プログラミング言語に備えられたハッシュ関数を単に使って、オブジェクト全体のハッシュを取り、それでおしまいにしてしまいたいところでしょう。しかし、それはあまりよいハッシュ関数とは言えません。

その理由を考えるに当たり、次の3つを含んだシンプルなHTTPリクエストを考えてみましょう。

- リクエスト時刻
- クライアントからのソースIPアドレス
- HTTPリクエストパス（例、/some/page.html）

シンプルなオブジェクトベースのハッシュ関数 `shard(request)` を使うと、入力 `{12:00, 1.2.3.4, /some/file.html}` と `{12:01, 5.6.7.8, /some/file.html}` に対応するシャードは違ったものになることが分かるでしょう。それぞれのリクエストで、リクエスト時刻とクライアントのIPアドレスが違うので、シャーディング関数の出力も違ったものになるからです。しかし多くの場合、クライアントのIPアドレスとリクエスト時刻は、HTTPリクエストに対するレスポンスの内容には影響しません。そのため、リクエストオブジェクト全体をハッシュにするのではなく、`shard(request.path)` のようにパスだけをハッシュにする方がずっとよいシャーディング関数になります。シャードキーとして `request.path` を使うと、どちらのリクエストも同じシャードにマップされることになり、片方のリクエストへのレスポンスは、もう片方へのレスポンスをキャッシュしたものを返せばよくなります。

もちろん、フロントエンドから返されるレスポンスに対して、クライアントIPアドレスが重要な場合もあるでしょう。例えば、ユーザがいる地域を特定するためにクライアントIPを使用していて、IPアドレスごとに違ったコンテンツ（例えば違った言語）を返すことがある場合が考えられます。そのような場合、前に挙げたシャーディング関数 `shard(request.path)` は、フランスのIPアドレスからのリクエストに英語のキャッシュから取り出した結果を返してしまう場合があるので、利用できません。つまり、キャッシュ関数の対象が広すぎて、違ったレスポンスを返すものまで同じようにまとめてしまうことになります。

この問題を解決するため、シャーディング関数を `shard(request.ip, request.path)`

と変更したくなるところでしょう。しかし、このシャーディング関数にも問題があります。この関数は、フランスのIPアドレスが複数あるとそれを別々のシャードにマッピングしてしまうので、シャーディングが効率的でなくなってしまうのです。このシャーディング関数は先ほどと逆に範囲が狭過ぎるので、同じ内容のリクエストをまとめられないのです。ここでのよりよいシャーディング関数は、次のようになります。

```
shard(country(request.ip), request.path)
```

ここでは、最初にIPアドレスから国を判断し、それからその国をシャーディング関数のキーとして使用します。これによって、フランスからのIPアドレスが複数あっても同じシャードにルーティングされ、アメリカからのリクエストはフランスからのリクエストとは別のシャードにルーティングされます。

シャーディングされたシステムを正しくデザインするには、シャーディング関数に適切なキーを使用することが非常に重要です。正しいシャードキーを決めるには、どのようなリクエストが来るのかよく理解している必要があります。

6.2.2 コンシステントハッシュ関数

新しいサービスにシャードをセットアップするのは簡単です。適切なシャードと、シャーディングを行うルートノードをセットアップすればおしまいです。しかし、シャーディングされたサービスのシャードの数を変更する必要がある場合はどうしたらいいでしょうか。そのような「再シャーディング」(re-sharding)は、複雑な作業になりがちです。

その理由を理解するため、前に取り上げたようなシャーディングされたキャッシュを考えてみましょう。コンテナオーケストレータを使えば、キャッシュの数を10から11に変更するのは簡単です。しかし、シャーディング関数をhash(Req)%10からhash(Req)%11に変更する影響を考えた場合、どうなるでしょうか。このシャーディング関数をデプロイすると、かなりの数のリクエストが、デプロイ以前にマッピングされていたのとは違うシャードにマッピングされることになるでしょう。シャーディングされたキャッシュにおいてこのような変化は、新しいシャーディング関数にマッピングされたリクエストが各シャードに行き渡るまで、かなり**キャッシュミス率**

が上がることに繋がります。最悪の場合、新しいシャーディング関数を展開すると、キャッシュが完全に壊れたのと同じことが起きるかもしれません。

このような問題を避けるために、多くのシャーディング関数では、**コンシステントハッシュ関数**（consistent hash functions）を使います。コンシステントハッシュ関数は、**キー数を変更後のシャード数で割った数**だけをマッピングし直すよう保証された、特殊なハッシュ関数です。例えば、前述のシャーディングされたキャッシュに対してコンシステントハッシュ関数を使うと、シャード数を10から11に変更しても、マッピングし直されるキーは10%未満（キー数/11）になります。これは、シャーディングされたシステム全体が壊れてしまうよりはずっとよい結果です。

6.2.3　ハンズオン：コンシステントなHTTPシャーディングプロキシの構築

HTTPリクエストをシャーディングするためにまず決めるべきは、シャーディング関数のキーを何にするかです。いくつか候補はありますが、汎用的なキーとしてよいのは、リクエストパスと、クエリパラメータおよびフラグメント（つまり、リクエストを一意に識別できるすべて）です。ここには、ユーザからのCookieや言語、場所（例えばEN_US）は含まれません。ユーザあるいはユーザの場所に応じて大掛かりなカスタマイズを行いたい場合は、これらの値もハッシュキーとして利用する必要があるでしょう。

シャーディングプロキシには、使い勝手のよいnginx HTTPサーバを利用しましょう。

```
worker_processes  5;
error_log  error.log;
pid        nginx.pid;
worker_rlimit_nofile 8192;

events {
  worker_connections  1024;
}

http {
  # 以下のproxy_passディレクティブで使用できるよう、「backend」を定義
```

```
  upstream backend {
    # リクエストの完全なURIのコンシステントハッシュを取る
    hash $request_uri consistent;
    server web-shard-1.web;
    server web-shard-2.web;
    server web-shard-3.web;
  }

  server {
    listen localhost:80;
    location / {
      proxy_pass http://backend;
    }
  }
}
```

リクエストの完全なURIをハッシュのキーとして、コンシステントハッシュ関数を使うようconsistentキーワードを指定しているのに注目して下さい。

6.3 シャーディングされたレプリカを使ったシステム

この章に出てきた例の多くは、キャッシュを提供するためにシャーディングを行う構成でした。しかし、キャッシュだけがシャーディングが有用な仕組みというわけではありません。シャーディングは、1台のマシンに収まりきらない大きなデータを持つ、あらゆる種類のサービスで便利に使えます。その場合、ここまでの例と違い、HTTPリクエストの一部ではなく、ユーザに関する何らかの情報をシャーディング関数とそのキーとして使うことになるでしょう。

例として、複数のプレーヤーが参加できる巨大なゲームを実装する場合を考えてみましょう。そういったゲームの仕組みは1台のマシンには到底収まりません。しかし、お互い離れた場所にいるプレーヤーたちは、何らかのやり取りをすることになるでしょう。そのため、このゲームの仕組みは多数のマシンにまたがってシャーディングされることになります。特定の地域にいるプレーヤーたちが同じサーバ群に割り当てられるよう、シャーディング関数のキーとしてプレーヤーの場所を使うことになります。

6.4 ホットシャーディングシステム

シャーディングされたキャッシュに対する負荷は、理想的には完全に均一であるべきです。しかし、自然な負荷のパターンでは特定のシャードにトラフィックが偏り、「ホットシャード」ができてしまうことも多くあります。

ユーザの写真をキャッシュするシャーディングされた仕組みを考えてみましょう。特定の写真が口コミで広がり、突然不釣り合いに大きなトラフィックが集中するようになった場合、その写真がキャッシュされているシャードは「ホット」だということになります。その場合、シャードにレプリカがあれば、負荷に応じてキャッシュシャードをスケールできます。キャッシュシャードにオートスケールを設定していれば、サービスへのトラフィックのパターンに応じて各シャードを動的に大きくしたり小さくしたりできます。この動きを図示したのが図6-3です。

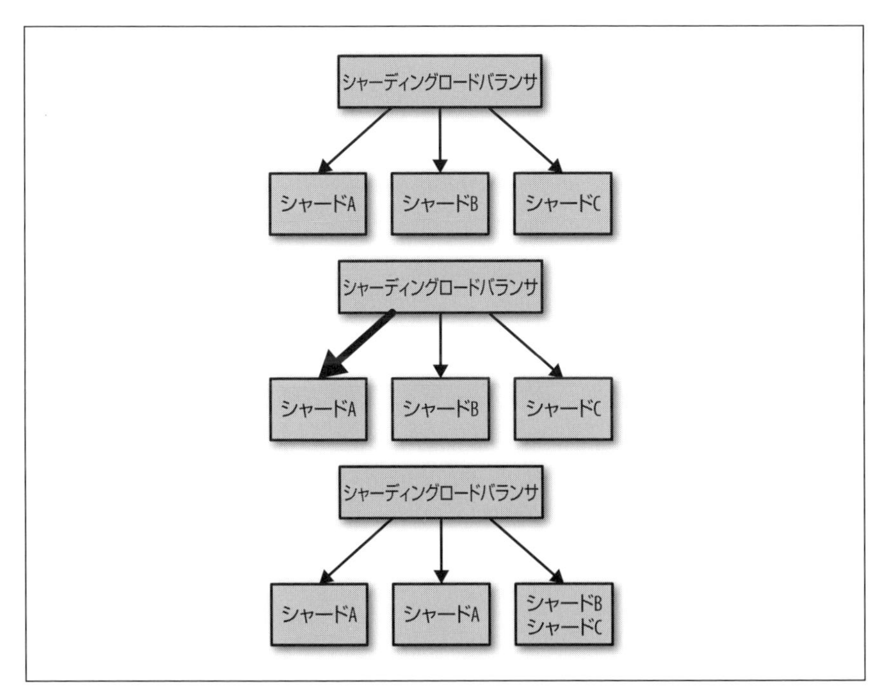

図6-3 ホットシャーディングシステムの例

最初は、シャーディングされたサービスの3つのシャードは均一にトラフィックを受けています。その後、シャードAはBとCの4倍のトラフィックを受けるようになります。ホットシャーディングシステムは、シャードBをシャードCと同じマシンに移動し、空いたマシンにシャードAのレプリカを作ります。その結果、レプリカあたりのトラフィック量は、均一になりました。

7章 スキャッタ・ギャザー

ここまで、一定時間内に処理できるリクエスト数に対するスケーラビリティ（ステートレスなレプリカを使ったパターン）や、データサイズに対するスケーラビリティ（シャーディングされたデータパターン）のためにレプリカを使うシステムを見てきました。この章では、処理時間をスケールさせるためにレプリカを使う、**スキャッタ・ギャザーパターン**（scatter/gather[†1] pattern）を紹介します。具体的には、スキャッタ・ギャザーパターンを使うとリクエストの処理を並列化でき、直列に処理を行った時よりもずっと早く処理が可能になります。

シャーディングされたレプリカを使ったシステムと同じように、スキャッタ・ギャザーパターンは、リクエストを分散するルートとリクエストを処理するリーフから構成される木構造のパターンです。しかし、シャーディングされたレプリカのシステムとは違いスキャッタ・ギャザーパターンでは、リクエストの処理はシステム内の全レプリカに一斉に委ねられます。各レプリカは処理の一部分を行い、ルートに対してその部分的な結果を返します。ルートサーバは、その部分結果を1つの完全なレスポンスにまとめ、クライアントに送ります。スキャッタ・ギャザーパターンの構成図は、図7-1にあります。

スキャッタ・ギャザーは、あるリクエストを扱うのに必要な処理が比較的独立していて、大量にある時に非常に便利です。スキャッタ・ギャザーは、データに対するシャーディングではなく、リクエストを処理するために必要な演算をシャーディングする仕組みだとも言えるでしょう（ただし、データのシャーディングはスキャッタ・ギャザーの1パターンでもあります）。

†1　訳注：scatterは撒き散らす、gatherは集めるの意味。

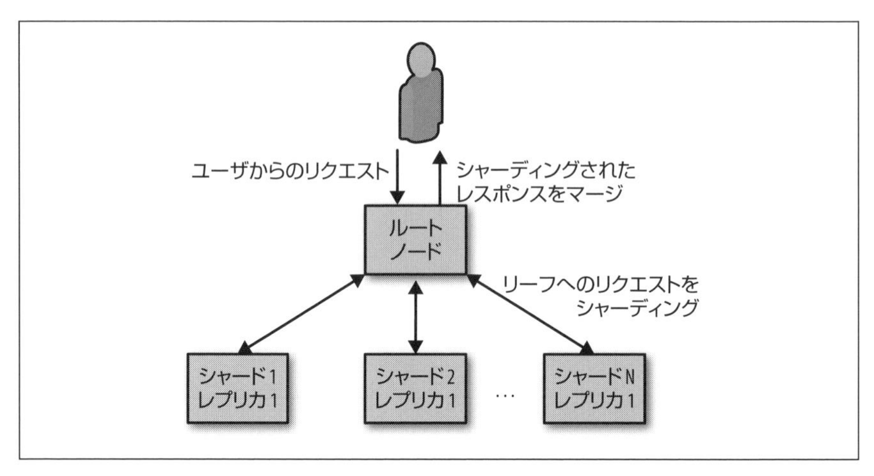

図7-1 スキャッタ・ギャザーパターン

7.1 ルートによる分散とスキャッタ・ギャザー

スキャッタ・ギャザーの最も単純なのは、各リーフが同一で、リクエストに対するパフォーマンスを改善するため別々のリーフに処理が分散されるかたちです。このパターンは、「驚異的並列」(embarrassingly parallel) の問題と同じです。このような問題はたくさんの部分に分割でき、しかもその後に完全な解答を出すために元通りにまとめられます。

より具体的に理解するため、ユーザのリクエストRを処理する必要があり、これに対する答えAを出すために1コアで1分かかると言う例を考えてみましょう。この問題を解くプログラムをマルチスレッドなアプリケーションとして書くと、1台のマシン上で複数コアを使うようリクエストの処理を並列化できます。この方法を30コアのプロセッサ (32コアの方が一般的ですが、計算が分かりやすいよう30で考えます) 上で使えば、1リクエストの処理にかかる時間を2秒に短縮できます (60秒の計算が30スレッドに分割されるので、1リクエストあたり2秒)。しかし、Webからのユーザリクエストの処理に2秒かかると言うのはなかなかの遅さです。しかも、メモリ、ネットワーク、ディスクの帯域幅がボトルネックになってくるので、完全に並列実行してスピードアップを成し遂げるのは難しくなります。1台のマシン上で複数のコアにまたがって並列化する代わりに、スキャッタ・ギャザーパターンを使って複数のマシンにまたがる複数のプロセスとしてリクエストを並列化できます。これなら、1台のマシンに搭載されているコア数に影響されなくなるので、リクエストに対するレイテンシ全体を改善できます。また、メモリ、ネットワーク、ディスク帯域幅は複数のマシンに分散されるので、ボトルネックになるのはCPUだけになります。さらに、スキャッタ・ギャザーの木構造にある各マシンはどのリクエストも処理できるので、ツリーのルートはリクエストの反応を見つつ、負荷を別々のタイミングで別々のノードに動的に割り当てられます。何らかの理由で特定のリーフノードのレスポンスが他よりも遅くなったら（例えばリソースが干渉し合うプロセスが動いているなど）、ルートノードはレスポンスを高速に維持するため、負荷を再分散することもできます。

7.1.1　ハンズオン：分散ドキュメント検索

動作中のスキャッタ・ギャザーの例として、巨大なドキュメントのデータベース内にある、「cat」と「dog」という単語を含む全文書を検索する作業を考えてみましょう。このような検索を行う方法の1つは、すべての文書を開いて読み込み、各文書内で単語を検索して、両方の単語を含む文書の集合をユーザに返すことです。

簡単に想像できるように、リクエストがある度に大量のファイルを読み込まなければならないので、この方法はかなり遅いです。リクエストの処理を高速化するため、**インデックス**を使いましょう。インデックスは要するに、それぞれの単語（例えば「cat」）がキーで、その単語が含まれる文書のリストが値になっている、ハッシュテーブルのことです。

これで、ある単語が含まれる文書を検索するのに全文書を検索するのではなく、ハッシュテーブルを検索するだけになります。しかし、インデックスを使うことで重要な機能が失われてしまいます。ここで検索したいのは「cat」と「dog」の**両方**を含む文書だということを思い出して下さい。2単語が含まれる文書を検索したい一方で、それぞれのインデックスには、複数の単語の組み合わせではなく1つの単語しか含まれていないのです。ただしこれは各単語を含む文書の共通集合を結果に使えばいいことです。

共通集合を結果にする場合、文書の検索はスキャッタ・ギャザーパターンの例として実装できます。ドキュメント検索のルートにリクエストがきたら、ルートはリクエストをパースし、2つのリーフノード（1つが「cat」の検索用、もう1つが「dog」

の検索用）にリクエストを任せます。各リーフノードはそれぞれ単語にマッチする文書のリストを返し、ルートノードは両方の単語を含む文書のリストを結果として返します。

このプロセスを図示したのが図7-2です。リーフノードは「cat」に対して{doc1, doc2, doc4}を返し、「dog」に対して{doc1, doc3, doc4}を返しているので、ルートノードはその共通集合である{doc1, doc4}を返しています。

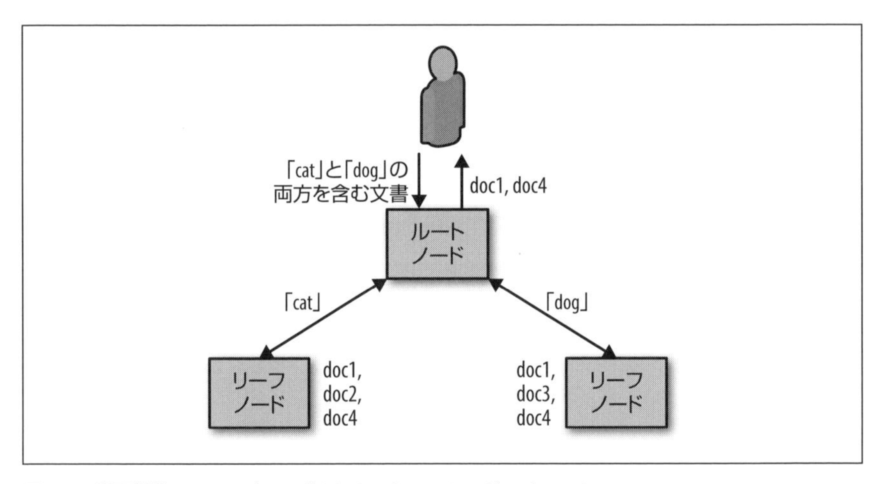

図7-2　単語単位でシャーディングされたスキャッタ・ギャザーパターン

7.2 リーフをシャーディングしたスキャッタ・ギャザー

レプリカを使ったスキャッタ・ギャザーパターンを使うと、ユーザからのリクエストを処理する時間を短くできる一方で、1台のマシン上のメモリやディスクに収まりきらない容量のデータを超えてスケールできるようになるわけではありません。前に取り上げたレプリカを使ったパターンと同じように、スキャッタ・ギャザーパターンをレプリカに対応させただけです。しかし一定のデータサイズに達すると、1台のノードで保持できる容量を超えるデータを保持できるシステムを作るためにシャーディングを考える必要が出てきます。

6章でレプリカを使ったシステムをシャーディングに対応させた時には、リクエストの一部を利用してリクエストがどこから送られてきたのかを判断していました。つまり、シャーディングはリクエストレベルで行っていました。リクエストが割り当てられたレプリカは、そのリクエストに対する処理をすべて行い、レスポンスをユーザに返していました。シャーディングしたスキャッタ・ギャザーでは、リクエストはシステム内のすべてのリーフノード（あるいはシャード）に送られます。各リーフノードは、自分のいるシャード内に存在するデータを使ってリクエストを処理します。そこで生成されたレスポンスの断片はルートノードに返され、ルートノードはすべてのレスポンスを結合して、最終的なレスポンスをユーザに返します。

この仕組みの具体的な例として、非常に大きな文書の集合（例えば全世界の特許）を検索する仕組みを考えてみましょう。この場合、データは1台のマシンのメモリに収まりきらないほど巨大なので、データは複数のノードにシャーディングされることになります。例えば、特許番号0から100,000までが最初のノード、100,001から200,000までが次のマシン、といった具合です（新しい特許が登録される度に新しいシャードを追加しなければならないので、これはあまりいい例ではありません。実際には特許番号をシャードの数で割った余り（%）をシャード番号に使うことになるでしょう）。インデックス内の全特許から、特定の単語（例えば「rocket」）が含まれるものを検索したいとユーザがリクエストすると、リクエストは各シャードに送られ、単語にマッチするシャード内の特許が検索されます。特許が見つかると、リクエストに対するレスポンスとしてルートノードに返されます。ルートノードはこれらのレスポンスを元にして、検索語がマッチする特許すべてを含む1つのレスポンスとしてまとめます。この検索インデックスの処理を図示したのが、図7-3です。

7.2.1 ハンズオン：シャーディングされたドキュメント検索

「7.1.1 ハンズオン：分散ドキュメント検索」では、単語ごとにリクエストが分割され、それがクラスタのどこかで処理されていましたが、その仕組みはスキャッタ・ギャザーのツリー内の全ノードにすべての文書が存在する場合にのみ使えるものでした。ツリー内の全リーフに全文書を保存できない場合、マシンごとに違った文書を配置するためシャーディングを使う必要があります。

つまり、「cat」と「dog」の両方を含む全文書が欲しいとユーザがリクエストしてきたら、そのリクエストはスキャッタ・ギャザーシステム内の全リーフに送られる必要があることになります。各リーフノードは、把握している文書の中から「cat」と「dog」にマッチするものの集合を返します。前の例でのルートノードは、2つの単語に対応する2つの文書の集合の共通部分を返す役割でした。シャーディングされたシステムでは、それぞれのシャードから返された文書すべてを結合し、完全な文書の集合を返すのがルートノードの役割になります。

図7-3では、最初のリーフノードが1から10までの文書を持っており、検索結果として{doc1, doc5}を返しています。2番目のリーフノードは11から20の文書を持っており、検索結果として{doc15}を返しています。3番目のリーフノードは21から30までを持っており、{doc22, doc28}を返しています。ルートノードはこれらすべてのレスポンスを1つのレスポンスにまとめて、{doc1, doc5, doc15, doc22, doc28}を返しています。

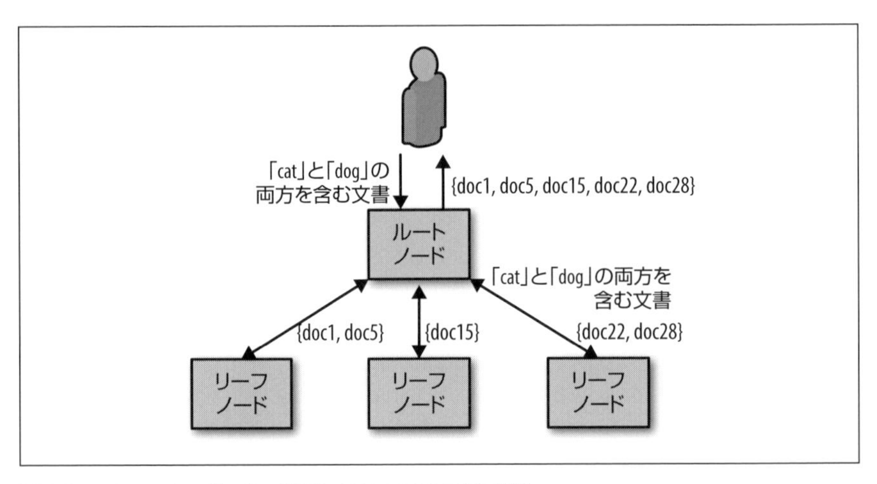

図7-3 スキャッタ・ギャザー検索システムでのクエリの結合

7.2.2 適切なリーフ数の決め方

スキャッタ・ギャザーパターンでは、計算を並列に行うことでリクエストに対する処理に必要な時間を減らせるので、たくさんのリーフノードにわたってデータを複製すれば常にいい結果が得られるように見えるかもしれません。しかし、並列度を増やすことによって増えるコストもあるので、スキャッタ・ギャザーパターンにおける適切なリーフノード数の決定は、パフォーマンスのよい分散システムを設計するのに重要な要素になります。

なぜそうなるかを理解するには、次の2点を考える必要があります。1つめは、あるリクエストを処理するには一定のオーバーヘッドがあることです。オーバーヘッドには、リクエストをパースする時間やHTTPがケーブルを伝う時間などがあります。一般的には、システムがリクエストを扱うことによるオーバーヘッドは一定で、ユーザのコードがリクエストを処理する時間と比べるとずっと短くなります。そのため、スキャッタ・ギャザーパターンのパフォーマンスを考える際にはこのオーバーヘッドは通常無視されます。しかし、このオーバーヘッドはスキャッタ・ギャザーパターン内のリーフノードの数と一緒にスケールすることを理解しておく必要があります。オーバーヘッドは小さいと言っても、並列度を上げていくと、このオーバーヘッドはビジネスロジックの処理コストを上回ることになります。つまり、並列度を上げることには限界があります。

リーフノードを増やしても処理が高速化されるとは限らないことに加え、スキャッタ・ギャザーシステムには「落ちこぼれ（straggler）」問題もあります。これが2つめの考えるべき点です。スキャッタ・ギャザーパターンでは、ユーザにレスポンスを返すため、ルートノードは**すべての**リーフノードが応答を返すまで待つ必要があることを忘れないようにしておきましょう。すべてのリーフノードからのデータが必要なので、ユーザのリクエストを処理する時間は、レスポンスを返すのが最も遅いノード（つまり落ちこぼれ）の処理時間に引きずられます。具体例として、99パーセンタイルのレイテンシが2秒であるサービスを考えてみましょう。これは、100リクエストに対するレスポンスの内、平均して1レスポンスのレイテンシが2秒であるということです。言い換えると、1%の確率でレスポンスまで2秒かかる可能性があります。100人の内1ユーザだけレスポンスが遅くなるということなので、これは一見して許容範囲内に思えるかもしれません。しかし、スキャッタ・ギャザーシステムでこれがどうなるかを考えてみて下さい。ユーザへのレスポンス時間は、最も遅いレスポンスの処理時間によって決まるので、全リクエストがリーフノードに分散されるという点を考慮する必要があるのです。

リクエストをリーフノード5台に分散する場合を考えてみます。この場合、5台へのリクエストの内、応答が2秒かかる可能性は5%です（0.99 × 0.99 × 0.99 × 0.99 × 0.99 ~= 0.95）。つまり、それぞれのリクエストに対する99パーセンタイルは、スキャッタ・ギャザーシステムでは95パーセンタイルになります。これがもし100台のリーフノードに分散するのなら、**すべての**リクエストに対して2秒のレイテンシがあると言っているのと実質的に同じことになってしまいます。

スキャッタ・ギャザーシステムでのこのような点を考えると、以下の結論が導かれます。

- ノードごとのオーバーヘッドがあるので、並列度を上げても必ずしも処理速度が上がるとは限らない。
- 落ちこぼれ問題のため、並列度を上げても必ずしも処理速度が上がるとは限らない。
- ユーザからの1つのリクエストは実際には複数のサービスに対する多数のリクエストに分割されるので、システムごとに99パーセンタイルのパフォーマンスを考えるのが重要である。

落ちこぼれ問題は、可用性についても同じことが言えます。100台のリーフノードにリクエストを送る時、リーフノードの内の1台が障害を起こしている可能性が1/100なら、実質的にすべてのユーザリクエストが失敗すると言っているのと同じです。

7.3 信頼性とスケーラビリティのためのスキャッタ・ギャザーのスケール

シャーディングされたスキャッタ・ギャザーシステムで、レプリカを1台しか持たないのは、理想的なデザインとは言えません。1台しかレプリカがない場合、すべてのリーフノードからの処理結果がないとレスポンスを作れないので、そのレプリカで障害が起きてシャードが利用できない間、すべてのスキャッタ・ギャザーのリクエストが失敗すると言うことです。また、システムのアップグレードもシャードの可用性に影響するので、ユーザに対するサービスの提供中には、アップグレードはできません。さらに、システムの計算能力のスケーラビリティは、1台のノードが処理できる能力に制限されます。スキャッタ・ギャザーパターンではシャードを増やすだけでは計算能力は上がらない可能性があるので、1台しかレプリカがないとスケーラビリティに限界があります。

信頼性とスケーラビリティにおけるこのような問題に対する正しい対処法は、各シャードに1インスタンスのみを置くのではなく、各シャードのレプリカを作ることです。シャーディングされたレプリカを持ったスキャッタ・ギャザーパターンを図示したのが図7-4です。

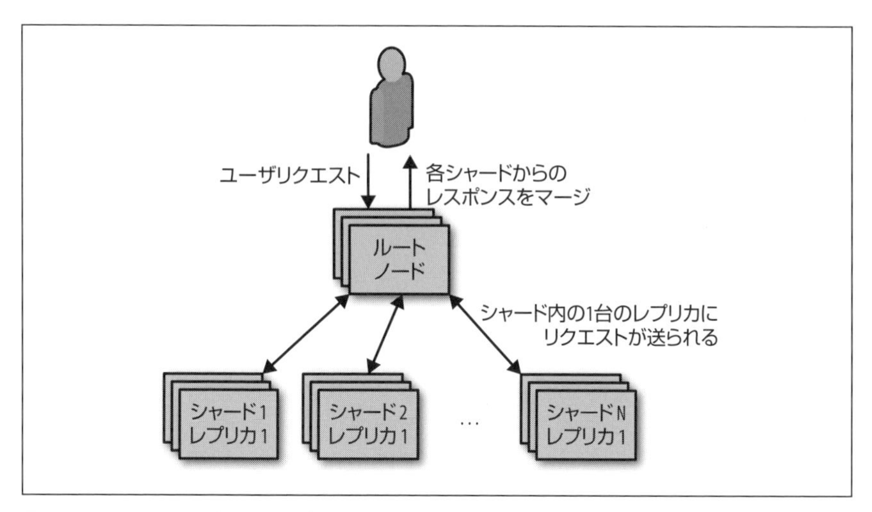

図7-4 シャーディングされたレプリカを持ったスキャッタ・ギャザーシステム

このような仕組みにすることで、ルートから各リーフへのリクエストは、実質的にシャード内で利用可能なレプリカにロードバランスされていることになります。つまり、レプリカに障害があっても、システムとしてはユーザに見える障害にはなりません。また、シャード内のレプリカを順番にアップグレードできるので、ユーザからのアクセスがある状態でアップグレードを行うこともできます。アップグレードをすばやく終わらせたいなら、複数のシャードのアップグレードを同時に行うのも可能です。

8章 ファンクションとイベント駆動処理

ここまでは、継続的にサービスを提供するシステムのデザインについて見てきました。ユーザのリクエストを処理するサーバは、常に起動して準備済みの状態でした。このパターンは、負荷が大きく、巨大なデータをメモリに保持していたり、何らかのバックグラウンド処理を行うようなアプリケーションの多くに適しています。しかし、1回のリクエストに対して一時的に必要になる、あるいは特定のイベントが発生した時だけ必要になるような種類のアプリケーションもあります。このようなリクエストあるいはイベント駆動のアプリケーションのデザインは、巨大なパブリッククラウドプロバイダがFunction-as-a-Service（FaaS）プロダクトを開発していることから、近年盛んに使用されています。さらに最近では、FaaSの実装はプライベートクラウドや物理環境上でも、クラスタオーケストレータの上でも動くようになっています。この章では、このような新しいスタイルのコンピューティングに使われるアーキテクチャについて説明します。多くの場合、FaaSは完全なソリューションというよりは大きなアーキテクチャ内のコンポーネントの1つという位置付けで話を進めます。

たいていの場合、FaaSは**サーバレス**コンピューティングのことを指します。これは（FaaSの利用者はサーバを意識しないという点で）間違ってはいないのですが、イベント駆動のFaaSと、広義のサーバレスコンピューティングの違いを明確にしておく意味はあります。サーバレスコンピューティングはさまざまなコンピューティングサービスに適用できます。例えば、マルチテナントなコンテナオーケストレータ（container-as-a-service）はサーバレスではありますが、イベント駆動ではありません。逆に、自分で所有し管理する物理マシンクラスタ上で動くオープンソースのFaaSは、イベント駆動ですがサーバレスとは言えません。この違いを

理解しておくと、アプリケーションに対してイベント駆動な仕組みがいいのか、サーバレスな仕組みがいいのか、あるいはその両方なのかを判断できます。

8.1 FaaSを使うべき時の判断

分散システムの開発に使うツールにも同じことが言えますが、イベント駆動処理の仕組みなどのソリューションを、万能の斧として使えればと思うことがあるでしょう。しかし、現実にはそういった仕組みは特定の問題に最適化されたものです。あるコンテキストにおいては非常に便利なツールですが、それをあらゆるアプリケーションやシステムに適用してしまうと、複雑で壊れやすいデザインになってしまいます。FaaSは新しいコンピューティングツールなので、そのデザインパターンの詳細を見ていく前に、利点と制約、そしてイベント駆動なコンピューティングに合った適切な状況を説明しておくのがよいでしょう。

8.1.1 FaaSの利点

FaaSの利点の多くは開発者に対するものです。FaaSを使うことで、コードと実際に稼働するサービスの距離が劇的に短くなります。FaaSではソースコード自体以外に作成したりプッシュする必要のある成果物は存在しないので、ラップトップやWebブラウザから、クラウド上で動くコードへの移行がシンプルになります。

また、デプロイされたコードは自動的に管理されスケールされます。サービスに多くのトラフィックが来たら、増加したトラフィックをさばくため、ファンクションにはインスタンスが追加されます。アプリケーションあるいはマシン障害でファンクションが失敗したら、他のマシン上で自動的に再実行されます。

さらに、コンテナと似たように、ファンクションは分散システムのデザインにおける小さな構成要素になります。ファンクションはステートレスなので、バイナリとして作った似たようなシステムと比べて、ファンクションで作ったシステムは自然にモジュール化され、分離されます。しかし、FaaS上にシステムを作るのは難しくもあります。分離とは強みでもあり、弱みでもあります。以降の節では、FaaSを使ってシステムを開発するにあたっての課題について説明します。

8.1.2 FaaSの課題

前の節で書いたように、FaaSを使ってシステムを開発することでサービスの各部分は強制的に疎結合になります。各ファンクションは完全に独立しています。通信はネットワークを通じてのみ行われ、各ファンクションはローカルメモリを使い続けられないので、すべての状態データはストレージサービスに保存する必要があります。このような強制的な分離の仕組みによって、サービス開発のすばやさ、高速さを上げることができますが、サービスの運用はかなり難しくなる可能性があります。

特に、サービスの全体像を把握したり、いろいろなファンクションがどのように統合されているのか判断したり、いつ問題が発生したか、なぜ問題が発生したかを知るのが難しくなることが多いです。さらに、ファンクションのリクエストベースでサーバレスな性質により、検知がかなり難しい種類の問題もあります。例として、次のファンクションを考えてみましょう。

- functionA()がfunctionB()を呼び出し
- functionB()がfunctionC()を呼び出し
- functionC()がfunctionA()を呼び出し

この時、これらのファンクションのどれかにリクエストが来た時に起こることを考えてみましょう。リクエストによって無限ループが開始され、元のリクエストがタイムアウトする（しない可能性もあります）か、リクエストを処理するお金がなくなるまでループが続きます。この例はかなり不自然ではありますが、このようなコードを発見するのは実際かなり難しいことです。各ファンクションは他のファンクションから完全に分離されているので、ファンクション間の依存性ややり取りが書かれている部分は存在しないのです。この問題を本質的に解決することはできませんが、FaaSが成熟するにつれて詳しい分析やデバッグのツールが現れてくるでしょう。それらのツールを使うことで、FaaSに作られたアプリケーションがどのように動作しているのか、なぜ動作しているのかを理解できるようになることが期待されます。

当面はFaaSを使用する際、状況を検知し、それが大きな問題になる前に修正できるよう、システムの振る舞いに対するしっかりした監視とアラートを導入して、慎重に進める必要があります。監視の導入で複雑さが増すのは、FaaSへのデプロイのシンプルさと対立してしまうので、そのトレードオフは開発者が考えて乗り越えるべきところです。

8.1.3 バックグラウンド処理の必要性

FaaSは本質的にイベントベースのアプリケーションモデルです。ファンクションは、ファンクションの実行のトリガになる個々のイベントに対応して実行されます。また、ファンクションを使ったサービスの実装はサーバレスなものになるので、ファンクションを実行するインスタンスの実行時間には制約があるのが普通です。これはつまり、データ処理が必要になる状況には多くの場合FaaSは向いていないことを意味します。このようなFaaSが向いていないバックグラウンド処理の例には、動画変換、ログファイルの圧縮など、優先度が低く、時間がかかる計算処理があります。FaaSを実行する場合、一定のスケジュールでファンクション内のイベントを生成する、スケジュールされたトリガを設定することが多くなるでしょう。これは一時的なイベント（誰かを叩き起こすためにテキストでアラームを送るなど）に使うには適していますが、汎用的なバックグラウンド処理のインフラとして使うには不十分です。そのような処理を行うには、時間のかかる処理をサポートした環境でコードを実行する必要があります。つまり、バックグラウンド処理を行うアプリケーションの部分には、リクエスト数に応じた課金ではなく、使用したリソースに応じた課金の仕組みを使うべきです。

8.1.4 データをメモリに置いておく必要性

運用上の課題に加え、FaaSを特定のタイプのアプリケーションに適さなくしてしまうアーキテクチャ上の制約もあります。その1つが、ユーザからのリクエストを処理するために大きなデータをメモリにロードする必要性です。例えば文書の検索インデックスの提供など、ユーザからのリクエストを処理するのに巨大なデータをメモリにロードする必要があるサービスはいろいろあります。ストレージレイヤが比較的高速だとしても、データをメモリにロードする時間は、ユーザリクエストを処理するために望ましい時間よりはずっと長くかかる可能性が高いでしょう。FaaSの場合、ユーザリクエストに応答するため、**ユーザの待ち時間**にファンクション自体が動的に起動される場合もあります。そのため、データをロードする必要があるかはサービスとやり取りしている間のユーザの感じるレイテンシに大きく影響します。FaaSは作られてしまえばたくさんのリクエストを処理できるので、このようなロードのコストはたくさんのリクエスト間で負担を分担できます。しかし、ファンクションがずっと起動しているほどのリクエスト数があるなら、処理しているリクエスト数に対してお金を払いすぎている可能性が高いでしょう。

8.1.5 リクエストベースの処理を保持しておくコスト

パブリッククラウドのFaaSのコストモデルは、リクエスト数に対する課金が基本です。この方法は、一定時間に受け付けるリクエストが少ない時に最適です。そのような状況ではアイドル時間が長いので、リクエストに応じた課金モデルなら、リクエストの処理を行っている時の分だけを支払えばよくなります。一方で、コンテナあるいは仮想マシン上で時間のかかる処理を行うサービスの場合、ユーザからのリクエストをずっと待ち続けているプロセッサのサイクルに対して支払いを行います。

サービスが成長するにつれて、ユーザからのリクエストを処理するために常にプロセッサがアクティブになるような数まで、処理を行うリクエスト数が増えていきます。この時点で、リクエスト数に応じた課金は経済的でなくなり始め、むしろ悪影響を及ぼします。これは、クラウドの仮想マシンではコアを増やすとコストが下がる（さらにリザーブドインスタンスのようなリソース使用のコミットや継続利用のディスカウントもあります）のが一般的な一方、リクエスト数に応じたコストはリクエスト数が増えると比例して増えるためです。

これらを考えると、サービスが成長し、進化していくと、FaaSの使用方法も進化することになる可能性が高いでしょう。FaaSをスケールさせる理想的な方法の1つは、Kubernetesなどのコンテナオーケストレータ上で動くオープンソースのFaaSを使うことです。そうすれば、FaaSによる開発者の利点を得ながら、仮想マシンを使う時の課金のメリットを得られます。

8.2 FaaSのパターン

思いどおりのシステムをデザインするには、イベント駆動あるいはFaaSのアーキテクチャを分散システムの一部としてデプロイするトレードオフを理解するだけでなく、FaaSの最適なデプロイ方法を理解するのも非常に重要です。この節では、FaaSを含む標準的なパターンをいくつか取り上げます。

8.2.1 デコレータパターン：リクエストまたはレスポンスの変換

FaaSは、入力を受け取り、それを出力に変換し、他のサービスに受け渡す、シンプルなファンクションのデプロイに適しています。このような汎用的なパターンは、他のサービスとの間でやり取りするHTTPリクエストを拡張したり装飾したりするのに利用できます。このパターンを図示したのが図8-1です。

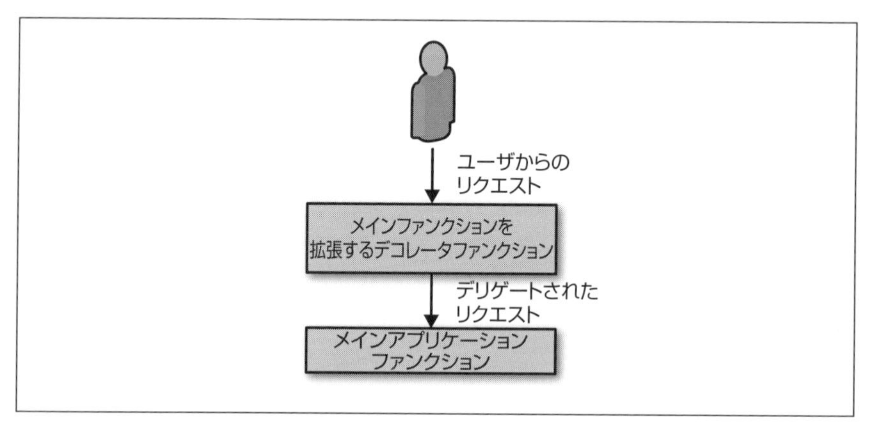

図8-1 HTTP APIに適用したデコレータパターン

興味深いことに、プログラミング言語にもこれと同じような例がいくつかあります。特に、Pythonの**デコレータ**パターンは、リクエストやレスポンスのデコレータを実行できるサービスとしてよく似たものです。デコレートによる変換は、通常はステートレスであり、サービスが成長するに従って既存のコードに追加されるものであることが多いので、FaaSを使って実装するのに向いています。さらに、FaaSは軽量なので、最終的に1つの仕組みを採用して完全な実装をする前にいろいろなデコレータを試すことも可能です。

デコレータパターンの価値を表すには、HTTP RESTful APIへの入力にデフォルト値を入れるのがよい例です。多くの場合APIには、空のままだった場合に正しいデフォルト値で埋めるべきフィールドが存在します。例えば、あるフィールドのデフォルト値を`true`にしたいとしましょう。ところが、古典的なJSONではデフォルト値は`null`であり、通常`null`は`false`として解釈されてしまいます。これを解決するため、APIサーバの前段あるいはアプリケーションのコード自体（例えば`if (field`

== null) field = true）にデフォルト値を埋めるロジックを追加できます。しかし、デフォルト値を埋める仕組みはリクエストの取り扱いとは概念的に独立しているので、こういった仕組みを追加するのは理想的ではないかもしれません。代わりに、FaaSのデコレータパターンを使って、ユーザとサービスの実装との間でリクエストを変換しましょう。

シングルノードにおけるアダプタパターンでの話を考えると、このようなデフォルト値で埋める処理はアダプタコンテナとしてパッケージングしてしまえばいいのではと考えるかもしれません。それは合理的な考え方なのですが、そうしてしまうとデフォルト値で埋める仕組みをAPIサービス自体と一緒にスケールすることになってしまいます。デフォルト値で埋める処理は軽量なので、処理を行うサービス自体に比べて少ないインスタンスで足りるはずです。

この章の例では、Kubeless（https://github.com/kubeless/kubeless）FaaSフレームワークを使います。KubelessはKubernetesコンテナオーケストレーションサービス上にデプロイされます。すでにKubernetesクラスタを展開済みなら、Kubelessをリリースページ（https://github.com/kubeless/kubeless/releases）からダウンロードしてインストール可能です。kubelessのバイナリをインストールしたら、kubeless installコマンドでクラスタにインストールできます。

Kubelessは自分自身をKubernetesのネイティブなサードパーティAPIとしてインストールします。これはつまり、一度インストールすればネイティブなkubectlコマンドで使えることを意味します。例えば、デプロイ済みのファンクションはkubectl get functionsコマンドで確認できます。あなたの環境では、現時点ではまだファンクションはデプロイされていないはずです。

8.2.2 ハンズオン：リクエスト処理前のデフォルト値設定

FaaSのデコレータパターンの実用性を示すために、RESTfulなファンクションの呼び出しにおいて、値が空の場合にデフォルト値で埋めるというタスクを考えてみましょう。これはFaaSを使うとかなり簡単に実現できます。Pythonを使ってデフォルト値で埋める関数を書いてみましょう[†1]。

```
# デフォルト値で埋めるシンプルなハンドラ関数
def handler(context):
  # 入力値を取得
  obj = context.json
  # name フィールドがなかったら、ランダムな値をセット
  if obj.get("name", None) is None:
    obj["name"] = random_name()
  # color フィールドがなかったら、blue をセット
  if obj.get("color", None) is None:
    obj["color"] = "blue"
  # 新しいデフォルト値込みで、実際の API を呼び出し、
  # 結果を return
  return call_my_api(obj)
```

この関数を defaults.py というファイルに保存して下さい。call_my_api のコードは、実際に呼び出したい API を指すよう変更する必要があります。コードを書いたら、デフォルト値を埋める関数は kubeless のファンクションとして、次のコマンドでインストールできます。

```
kubeless function deploy add-defaults \
    --runtime python2.7 \
    --handler defaults.handler \
    --from-file defaults.py
```

このファンクションの動作をテストしたいなら、次のように同じく kubelessを使用できます。

```
kubeless function call add-defaults --data '{"name": "foo"}'
```

このデコレータパターンは、既存の API にバリデーションやデフォルト値で埋める処理のような追加機能を適用したり拡張したりするのがいかに簡単かを示しています。

†1 訳注：コードには日本語のコメントが入っていますが、使用するランタイムによってはエラーになる場合があります。その際はコメントを削除して試してみて下さい。

8.2.3 イベントの扱い

多くのシステムはリクエスト駆動で、ユーザあるいはAPIからの安定したリクエストを処理していますが、それ以外のシステムの多くはイベント駆動です。少なくとも私の中でリクエストとイベントの違いは、**セッション**の観点と関連しています。リクエストとは、大きなやり取りあるいはセッションの流れの一部です。通常、ユーザからの各リクエストは完全なWebアプリケーションやAPIにおける大きな流れの一部になっています。一方で**イベント**とは、1回限りのインスタンスであり、非同期である傾向があります。イベントは正しく扱われる必要がありますが、メインのやり取りから生み出され、後からレスポンスを受け取ります。イベントには、新しいサービスにユーザがサインインしたり（ようこそメールを送るなど）、ファイルを共有フォルダにアップロードしたり（フォルダへのアクセス権を持つユーザに通知を送るなど）、マシンがリブートされたり（オペレータに通知を送る、適切な対応を取るよう自動化するなど）といった例があります。

これらのイベントはそれぞれ独立していてステートレスな場合が多いこと、またイベントの頻度も幅広いことから、イベント駆動なFaaSアーキテクチャを採用する候補に適しています。このような場合ファンクションは、主なユーザエクスペリエンスを拡張するためにメインアプリケーションと一緒にデプロイされるか、受動的なバックグラウンド処理を扱うのに使われます。また、サービスに対してイベントは動的に追加されることが多いので、ファンクションのデプロイが軽量であることは、新しいイベントハンドラを定義するのにぴったりです。さらに、各イベントは概念上独立しているので、ファンクションをベースにしたシステムで強制的な分離がはたらき、開発者は1つのイベントを扱う手順だけに焦点を絞れるという点で、概念的な複雑さを減らすことに繋がります。

イベントベースのコンポーネントを既存サービスに統合する具体例として、2要素認証の実装を考えてみましょう。この場合、イベントとはユーザがサービスにログインすることです。サービスはこのアクションに対してイベントを生成し、コードとユーザの連絡先情報を受け取るファンクションベースのハンドラを起動し、2要素認証のコードをテキストメッセージとして送信します。

8.2.4 ハンズオン：2要素認証の実装

2要素認証では、システムへログインするためにユーザが知っているもの（パスワードなど）とユーザが所有しているもの（携帯電話など）の2つをユーザに要求します。2要素認証は、セキュリティを破るために2つの別々のセキュリティ要素を必要とする（泥棒はパスワードを知った上で携帯電話も盗む必要があります）ので、パスワードのみを使用するよりずっとセキュアな認証方法です。

2要素認証の実装方法を考える時、ランダムなコードを生成し、それをログインサービスに登録しつつ、テキストメッセージで送るリクエストをどのように扱うかが課題になります。この仕組みをメインのWebサーバのログインの仕組みに入れてしまうことも可能です。しかし、そうするとコードは複雑でモノリシックになります。また、テキストメッセージを送るという、ある程度のレイテンシがある処理をログインのWebページをレンダリングするコードに埋め込まざるを得ないことになります。このレイテンシは、ユーザエクスペリエンスを悪化させてしまいます。

この改善策は、非同期的に乱数を生成するFaaSをデプロイし、その乱数をログインサービスに登録し、さらにユーザの携帯電話にその乱数を送るようにすることです。この方法だと、ログインサーバはシンプルにFaaSに対して非同期的なWebhookリクエストを送ればよく、FaaSは2要素認証のコードを登録し、テキストメッセージを送るという処理をゆっくりと非同期的に実行すればよくなります。

これが実際にどのように動くかを見てみるため、次のようなコードを考えてみましょう。

```
import twilio

def two_factor(context):
  # ランダムな6桁のコードを生成
  code = random.randint(100000, 999999)

  # ログインサービスにコードを登録
  user = context.json["user"]
  register_code_with_login_service(user, code)

  # テキストメッセージの送信にTwilioのライブラリを使用
  account = "my-account-sid"
  token = "my-token"
  client = twilio.rest.Client(account, token)
```

```
    user_number = context.json["phoneNumber"]
    msg = "Hello {} your authentication code is: {}.".format(user, code)
    message = client.api.account.messages.create(to=user_number,
                                                 from_="+12065251212",
                                                 body=msg)
    return {"status": "ok"}
```

これをtwo_factor.pyとして保存し、次のkubelessコマンドでFaaSに登録できます。

```
kubeless function deploy add-two-factor \
    --runtime python2.7 \
    --handler two_factor.two_factor \
    --from-file two_factor.py
```

このファンクションは、ユーザがパスワードを正常に送信できたら、クライアントサイドのJavaScriptから非同期的に実行できます。それによって、Web上ではすぐにコードを入力するページを表示できます。コードはすでにFaaSからシステムに登録されているので、ユーザはテキストメッセージでコードを受け取り次第、入力できます。

このように、ユーザがログインすると実行されるシンプルで非同期的なイベント駆動サービスの開発は、FaaSを使うことで非常にシンプルになるのです。

8.2.5 イベントベースのパイプライン

世の中には、独立したイベントのパイプラインという観点で考えるのが簡単というアプリケーションがあります。このようなイベントパイプラインは、古くからあるフローチャートとよく似ており、連結されたイベントの有向グラフとして表現できます。イベントパイプラインパターンでは、有向グラフの各ノードは個別のファンクションやWebhookになり、グラフを連結するエッジはファンクションやWebhookに対するHTTPなどのネットワークコールになります。通常は、パイプラインの要素同士で共有する状態情報は存在しませんが、共有ストレージに保存された情報を見つけるために使うコンテキストや参照ポイントは存在する場合があります。

それでは、このようなパイプラインと「マイクロサービス」アーキテクチャの違いは何でしょうか。2つの大きな相違点があります。1つめは、通常のファンクションと継続的に提供されるサービスとの違いと同じです。イベントベースのパイプラインはそもそも初めからイベント駆動な性質を持っています。一方で、マイクロサービスアーキテクチャは継続的に提供されるサービスの集合です。また、イベント駆動なパイプラインは非同期的な性質が強く、接続し合う者同士が異なる度合いも強くなります。例えば、Jiraのようなチケット管理システムで人間によるチケットの承認を行うプロセスをマイクロサービスアプリケーションに入れるのは難しいですが、同じイベントをイベント駆動なパイプラインに組み込むことは比較的簡単です。

この例として、コードがソース管理システムに登録されるイベントが元となったパイプラインを考えてみましょう。このイベントは次にビルドを実行します。ビルド実行は数分以上かかるはずですが、それが実行されたら、ビルド分析のファンクションへイベントを発行します。このファンクションはビルドが成功したか失敗したかによって違うアクションを起こします。ビルドが成功したら、人間が承認して本番にプッシュされるよう、チケットが作成されます。チケットがクローズされたら、クローズの操作は実際に本番へのプッシュを行うイベントになります。ビルドが失敗したら、その障害に対してバグが報告され、イベントパイプラインは終了します。

8.2.6　ハンズオン：新規ユーザ登録のパイプライン実装

新規ユーザの登録フローを実装するタスクを考えてみましょう。新規ユーザアカウントが作成されたらようこそメールを送ると言った、毎回行う処理がいくつかあります。また、ユーザが製品情報をメールで受け取るよう登録する（「スパム」と言ったりもしますが）と言った、任意で行われる処理もあります。

このロジックを実装するには、すべてを1つのモノリシックな**ユーザ作成**サーバに詰め込んでしまうやり方もあります。しかし、そのような構成にしてしまうと1つのチームがユーザ作成に関するサービス全体の面倒を見ることになり、エクスペリエンス全体が1つのサービスとしてデプロイされることになってしまいます。これはつまり、新機能の試験を行ったりユーザエクスペリエンスへの変更を加えたりするのが難しくなることを意味します。

その代わりに、ユーザログインのエクスペリエンスをFaaSのつながりからなるイベントパイプラインとして実装してみたらどうでしょうか。この構成だとユーザ作成のファンクションは、ユーザログインで何が起きているのか詳細に関知しなくて済みます。その代わりにユーザ作成サービスは、次の2つのリストだけを持つことになります。

- 必須のアクションのリスト（ようこそメールを送るなど）
- 任意のアクションのリスト（ユーザのメーリングリスト購読を設定するなど）

これらの各アクションはFaaSとして実装され、アクションのリストはWebhookのリストになります。したがって、メインのユーザ作成ファンクションは次のようになります。

```
def create_user(context):
  # 必須のイベントハンドラはすべて呼び出す
  for key, value in required.items():
    call_function(value.webhook, context.json)

  # 任意のイベントハンドラは条件をチェックし合致するなら呼び出す
  for key, value in optional.items():
    if context.json.get(key, None) is not None:
      call_function(value.webhook, context.json)
```

これで各ハンドラを実装するのにFaaSを利用できます。

```
def email_user(context):
  # ユーザ名を取得
  user = context.json['username']

  msg = 'Hello {} thanks for joining my awesome service!'.format(user)

  send_email(msg, contex.json['email'])

def subscribe_user(context):
  # ユーザ名を取得
  email = context.json['email']
  subscribe_user(email)
```

この構成にすることで、各FaaSはシンプルになって数行のコードだけになり、1つの特定の機能に焦点を当てて実装できるようになります。このようなマイクロサービスベースのやり方は実装はシンプルですが、3つの別々のマイクロサービスをデプロイし管理することになると、複雑になってしまう可能性があります。しかし、FaaSでは小さなコードスニペットをホストするのは非常に簡単なので、そのような状況こそFaaSの利用価値があるところです。さらに、イベント駆動なパイプラインとしてユーザ作成のフローを可視化することで、ユーザログイン時に何が起きているのか、パイプライン内の関数を辿ってコンテキストの流れを追うことによって、ハイレベルで正確な理解を簡単に得られるようになります。

9章
オーナーシップの選出

ここまで見てきたパターンは、秒間リクエスト数、提供できる状態数、リクエストの処理時間などをスケールさせるため、リクエストを分散するものでした。マルチノードパターンの最後の章は、役割の割り当てをスケールさせる方法を扱います。多くのシステムでは、特定のプロセスが特定のタスクを行うという、**オーナーシップ**の考え方があります。この考え方は、特定のインスタンスがシャーディングされたキースペースの特定の範囲を担当するという、シャーディングされたシステムの話の中でも出てきました。

シングルサーバの観点では、オーナーシップを取るアプリケーションは1つしかなく、1つのアクターだけが特定のシャードやコンテキストを所有するよう、すでに確立されたプロセス内ロックの仕組みを使えばいいので、オーナーシップの実現は通常は簡単です。しかし、1つのアプリケーションのみにオーナーシップを限定するとタスクを増やせず、スケーラビリティが制限されてしまい、タスクが失敗しても一定時間オーナーシップを取れないことになるので、信頼性も制限されてしまいます。そのため、システム内でオーナーシップの仕組みが必要な時には、オーナーシップを取得できる分散システムを開発する必要があります。

一般的な分散オーナーシップを図示したのが図9-1です。この図では、オーナーまたはマスタになる可能性のあるレプリカが3つあります。始めは1番のレプリカがマスタです。その後そのレプリカがダウンすると、3番のレプリカがマスタになります。最後に、1番のレプリカが復旧してきてグループに戻りますが、3番のレプリカがマスタ（あるいはオーナー）のままになる、という流れです。

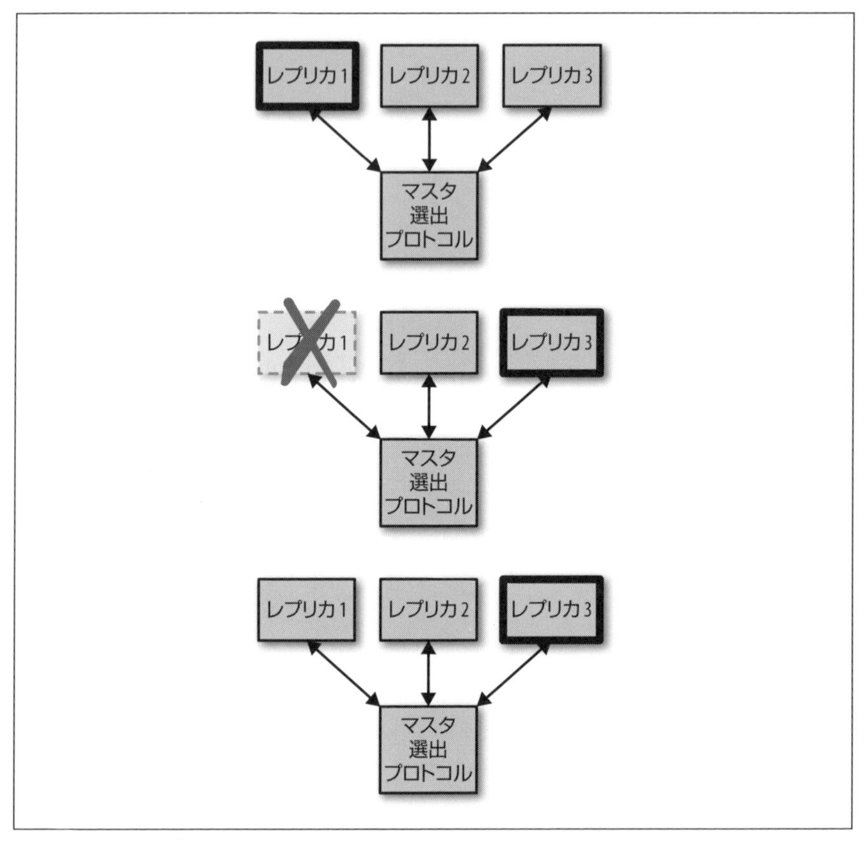

図9-1 マスタ選出プロトコルの実際。1番のレプリカが選出された後ダウンしたら、3番のレプリカがマスタの役割を引き継ぐ

分散オーナーシップの仕組みの構築は、非常に複雑で、信頼性の高い分散システムをデザインするのに最も重要な部分であることも多いでしょう。

9.1 マスタ選出の必要性の判断

オーナーシップの最もシンプルな形は、サービスに1台しかインスタンスがいない状態（シングルトン）です。同時に動くのは1台だけなので、そのインスタンスは選出の必要なく暗黙的にすべてを所有することになります。これによってアプリケーションとそのデプロイをシンプルにできるという利点がありますが、ダウンタイムと信頼性の点では劣ります。しかし、信頼性を犠牲にしてシングルトンパターンの単純さを得る価値があるアプリケーションも多いでしょう。もう少し詳しく見てみましょう。

Kubernetesのようなコンテナオーケストレーションシステム上で、シングルトンを動かしている場合、以下の点が保証されます。

- コンテナがクラッシュしたら、そのコンテナは自動的に再起動される。
- ヘルスチェックが設定されている状態でコンテナがハングアップしたら、そのコンテナは自動的に再起動される。
- マシンがダウンしたら、コンテナは他のマシンへ移動される。

このような保証があることで、コンテナオーケストレータ上で動くサービスのシングルトンは、それなりによい稼働時間が得られます。「それなりによい」の定義をもう少し詳しく確認するため、障害パターンごとに何が起こるかを確認してみましょう。コンテナのプロセスがダウンしたりハングアップしたら、アプリケーションは数秒のうちに再起動されます。コンテナが1日1回ダウンすると仮定すると、可用性はフォーナインになります（2秒のダウンタイム / 1日 ~= 99.99%の可用性）。コンテナのダウン回数がもっと少なければ、これよりもよくなります。マシンがダウンした場合、そのマシンがダウンしたとKubernetesが判断し、コンテナを他のマシンに移動するには少し時間がかかります。ここではその時間を5分とします。そうすると、クラスタ内の各マシンが1日1回ダウンするなら、サービスの可用性はツーナイン（99%）になります。しかしクラスタ内の各マシンが毎日ダウンするというのは、マスタ選出サービスの可用性よりももっと重大な問題があることを意味しています。

もちろん、ダウンタイムには障害以外の理由がある可能性も考慮する意味があります。新しいソフトウェアを展開する時には、新しいバージョンをダウンロードし、起動する時間が必要です。シングルトンでは、古いバージョンと新しいバージョンを同時に動かすことはできません。イメージが大きい時にはアップグレードに数分かかる可能性もありますが、アップグレード中は古いバージョンを停止する必要があります。このため、デプロイを毎日行っていて、その際のソフトウェアのアップグレードに2分かかるとすると、ツーナイン（99%）より可用性を高くできないことになります。デプロイを1時間おきに実行している場合、シングルナイン（90%）すら実現できません。アップデートを行う前にマシン上に新しいイメージを先にダウンロードしておくなど、デプロイを速くする方法はいくつかあります。これらの方法を使うことで新バージョンのデプロイを数秒に抑えることも可能ですが、本来複雑さを減らすためにシングルトンを選んだのに複雑さ増やすことになってしまうわけで、トレードオフを考える必要があります。

とは言え、アプリケーションの単純さに対するトレードオフとしてそのような低いSLAを許容できるアプリケーション（例えばバックグラウンドの非同期処理）も多く存在します。分散システムのデザインにおける鍵となる要素の1つは、「分散」部分が実は不要な複雑さだと判断することです。一方で、フォーナインを超える高い可用性がアプリケーションの重要な要素である場面も確かに存在しています。そのようなシステムでは、サービスで複数のレプリカを動かし、そのうちの1つのレプリカのみが指定されたオーナーになるという仕組みにする必要があります。このようなタイプのシステムのデザインについて、これ以降の節で説明していきます。

9.2 マスタ選出の基本

3つのレプリカFoo-1、Foo-2、Foo-3をもつサービスFooがあると考えて下さい。そこには、いずれかのレプリカ（例えばFoo-1）に「所有」されている必要があるオブジェクトBarがあります。このレプリカは**マスタ**と呼ばれます。そのため、マスタが選ばれるプロセス、あるいはマスタが障害を起こした場合に新しいマスタをどのように選ぶかのプロセスを表す言葉として**マスタ選出**が使われます。

マスタ選出は2種類の実装方法があります。1つめは、PaxosやRaftのような分散コンセンサスアルゴリズムを実装する方法です。しかし、これらのアルゴリズムの複雑さはこの本の範囲を超えてしまっていますし、自分で実装するほどの価値はありません。こういったアルゴリズムを実装するのは、アセンブリのコンペア・アンド・スワップ命令の上にロックを実装するようなものです。学部生のコンピュータ科学コースの課題としては興味深いですが、普通は実践するようなものではありません。

幸いなことに、そのようなコンセンサスアルゴリズムを実装した分散キーバリューストアがたくさん存在しています。これらのシステムが、レプリカを使った信頼性の高いデータストアや、より複雑なロックや選出の抽象層を作るのに必要な基礎的な部分を提供してくれます。このような分散ストレージの例としては、etcd、ZooKeeper、Consulなどがあります。これらのシステムが提供する基礎的な部分には、特定のキーに対するコンペア・アンド・スワップ処理を実行する機能があります。コンペア・アンド・スワップとは、次のようなアトミックオペレーションだと考えればよいでしょう。

```
var lock = sync.Mutex{}
var store = map[string]string{}

func compareAndSwap(key, nextValue, currentValue string) (bool, error) {
  lock.Lock()
  defer lock.Unlock()
  _, containsKey := store[key]
  if !containsKey {
    if len(currentValue) == 0 {
      store[key] = nextValue
      return true, nil
    }
    return false, fmt.Errorf("Expected value %s for key %s, but found empty",
                            currentValue, key)
  }
  if store[key] == currentValue {
    store[key] = nextValue
    return true, nil
  }
  return false, nil
}
```

コンペア・アンド・スワップは、既存の値が期待する値と一致している時、アトミックに新しい値を書き込む処理です。値が一致しない時は、falseを返します。値が存在しておらずcurrentValueがnullではない時は、エラーを返します。

コンペア・アンド・スワップに加えて、キーバリューストアではキーに対するTTL（time-to-live）を設定できます。TTLが切れたら、キーは空に戻ります。

要するに、これらの機能はさまざまな分散同期の基本機能を実装するには十分だということです。

9.2.1　ハンズオン：etcdのデプロイ

etcd（https://etcd.readthedocs.io/en/latest/）は、CoreOSによって開発された

分散ロックサーバです[†1]。堅牢で、大規模な本番環境での実績があり、Kubernetesを含むさまざまなプロジェクトで利用されています。

次の2つのオープンソースプロジェクトの進歩により、etcdのデプロイはかなり簡単になりました。

- Helm（https://helm.sh/）：Microsoft AzureがサポートするKubernetesのパッケージマネージャ
- etcd operator（https://coreos.com/blog/introducing-the-etcd-operator.html）：CoreOSが開発した、Kubernetes上にetcdを構成するツール

オペレータ（operator）は、CoreOSによって切り開かれている興味深い分野です。オペレータとは、何らかのアプリケーションを動かすという特定の目的を持った、コンテナオーケストレータ上で動くオンラインプログラムです。オペレータは、そのアプリケーションを作成し、スケールさせ、正しいオペレーションを続けるという責任を持ちます。ユーザはアプリケーションを設定するのに、望ましい状態（desired state）を指定してAPIを呼び出します。例えば、etcd operatorはetcd自体を監視する責任を持っています。オペレータはまだ新しい考え方ですが、信頼性の高い分散システムを構築するための重要な新しい方向性を示しています。

CoreOSにetcd operatorをデプロイするため、helmパッケージ管理ツールを使いましょう。HelmはKubernetesプロジェクトの一部を構成するオープンソースのパッケージマネージャであり、Deisによって開発されました。Deisは2017年にMicrosoft Azureに買収され、その後マイクロソフトがオープンソースとしてのHelmの開発のサポートを続けています。

helmを使うのが初めてなら、まずはhelmをインストールする必要があるので、https://github.com/helm/helm/releasesの手順を確認して下さい。

使用している環境上にhelmをインストールしたら、次のようにhelmでetcd

†1 訳注：CoreOSは2018年1月にRed Hatに買収（https://www.redhat.com/en/about/press-releases/red-hat-acquire-coreos-expanding-its-kubernetes-and-containers-leadership）されました。

operatorをインストールできます[†2]。

```
# helmを初期化

helm init


# etcd operatorをインストール

helm install stable/etcd-operator --version=0.8.3
```

etcd operatorがインストールされたら、etcdクラスタを表すカスタムKubernetesリソースが作られます。etcd operatorは動いていますが、etcのクラスタはまだ存在していません。etcdクラスタを作成するには、次のような宣言的設定を作る必要があります。

```
apiVersion: "etcd.database.coreos.com/v1beta2"
kind: "EtcdCluster"
metadata:
  # クラスタ名として使いたい名前を入れる
  name: "my-etcd-cluster"
spec:
  # 1, 3, 5が選択可能な数
  size: 3
  # インストールするetcdのバージョン
  version: "3.3.11"
```

この設定をetcd-cluster.yamlとして保存し、次のコマンドでクラスタを作成して下さい。

```
kubectl create -f etcd-cluster.yaml
```

クラスタを作成すると、etcd operatorはetcdクラスタのレプリカとしてPodを作

†2　訳注：ここでは単純にhelm initを実行すると使用可能になるように書いていますが、使用しているKubernetesクラスタ上でRBACが有効な場合、helm init後に追加の設定が必要になります。詳しくはHelmのドキュメントの該当ページ（https://docs.helm.sh/using_helm/#role-based-access-control）や、使用しているKubernetesサービスのドキュメントなどを参照して下さい。

ります。実行中のレプリカを確認するには次のコマンドを実行して下さい。

```
kubectl get pods
```

3つのレプリカがすべて実行中になったら、次のコマンドでエンドポイントを取得できます。

```
export ETCD_ENDPOINTS=$(kubectl get endpoints my-etcd-cluster \
  -o="jsonpath={range .subsets[*].addresses[*]}{'http://'}{.ip}{':2379,'}{end}")
```

また、次のコマンドでetcdに何らかの値を保存できます[†3]。

```
export POD_NAME=$(kubectl get pods \
  --selector="app=etcd,etcd_cluster=my-etcd-cluster" \
  -o="jsonpath={.items[0].metadata.name}")
kubectl exec $POD_NAME -- sh -c \
  "ETCDCTL_API=2 etcdctl --endpoints=${ETCD_ENDPOINTS} set foo bar"
```

9.2.2 ロックの実装

同期処理の最も単純な形は、相互排他ロック（mutual exclusion lock、Mutex）です。1台のマシン上での並列プログラミングをしたことがある人なら、ロックを使ったことがあるでしょう。その仕組みは、分散レプリカにも適用できます。ローカルなメモリやアセンブリの命令の代わりに、前述の分散キーバリューストアを使って分散ロックを実装できます。

メモリ上のロックと同じく、ロック取得の最初の1歩は次のようになります。

```
func (Lock l) simpleLock() boolean {
  // 比較して "1" で "0" を置き換え
  locked, _ = compareAndSwap(l.lockName, "1", "0")
  return locked
}
```

†3　訳注：この章に書かれた手順で利用可能になるetcdctlコマンドでは新しいAPIバージョンv3も使用できます。しかし、原文がv2を前提としていること、コマンド体系が変わった関係でv3を使った説明は少し複雑になってしまうことから、ここではv2を利用することを表すETCDCTL_API=2を指定しています。

しかし、ロックを取得するのが初めてなら、ロックが存在していない可能性もあるので、その場合の仕組みも考える必要があります。

```
func (Lock l) simpleLock() boolean {
  // 比較して "1" で "0" を置き換え
  locked, error = compareAndSwap(l.lockName, "1", "0")
  // ロックが存在しないなら、"1" を書き込む
  if error != nil {
    locked, _ = compareAndSwap(l.lockName, "1", nil)
  }
  return locked
}
```

伝統的なロックの実装ではロックが取得できるまでブロックされるので、次のような仕組みも必要です。

```
func (Lock l) lock() {
  while (!l.simpleLock()) {
    sleep(2)
  }
}
```

この実装は単純ですが、ロックが解放されてから取得するまで、いつも最低1秒は待たなくてはならないという問題があります。幸い、キーバリューストアの多くはポーリングするのではなく変更を監視できる機能があるので、次のような実装が可能です。

```
func (Lock l) lock() {
  while (!l.simpleLock()) {
    waitForChanges(l.lockName)
  }
}
```

このロック関数を元に、ロック解除の関数も実装できます。

```
func (Lock l) unlock() {
  compareAndSwap(l.lockName, "0", "1")
}
```

これでおしまいと思うかもしれませんが、分散システムのためにこの仕組みを作っていることを思い出して下さい。ロックを取得しようとする途中でプロセスが停止するかもしれませんし、その時点でロックが解放されないかもしれません。そのような場合、この仕組みではスタックしてしまいます。この問題を解決するため、キーバリューストアのTTLの機能を利用します。simpleLock関数を、常にTTLを含めて書き込みを行うよう変更し、一定時間内にアンロックされないなら、ロックが自動的に解放されるようにしましょう。

```
func (Lock l) simpleLock() boolean {
  // 比較して "1" で "0" を置き換え
  locked, error = compareAndSwap(l.lockName, "1", "0", l.ttl)
  // ロックが存在しないなら、"1" を書き込む
  if error != nil {
    locked, _ = compareAndSwap(l.lockName, "1", nil, l.ttl)
  }
  return locked
}
```

分散ロックを使用する際は、実行するあらゆる処理の時間がロックのTTLより短くなるようにするのが非常に重要です。ロックを取得する際に、処理時間を監視するウォッチドッグタイマ（watchdog timer）を設定するのもよいでしょう。ウォッチドッグには、unlockを呼び出す前にロックのTTLが切れてしまった時に、プログラムをクラッシュさせるアサーションが含まれています。

ロックにTTLを追加したことで、unlock関数にバグが増えてしまいました。以下のシナリオを考えてみて下さい。

1. プロセス（1）がTTL tでロックを取得。
2. プロセス（1）の実行が何らかの理由で非常に遅くなり、tよりも長くかかった。

3. ロックが有効期限切れ。
4. プロセス（1）の取得したロックのTTLが切れているので、プロセス（2）がロックを取得。
5. プロセス（1）が終了し、unlockを呼び出し。
6. プロセス（3）がロックを取得。

5の時点では、プロセス（1）は実行開始時に取得したロックをアンロックしたと信じ込んでいます。また、TTLが切れてロックは失われていますが、プロセス（1）はまだプロセス（2）がロックを取得しているとは思っていません。その後、プロセス（3）が来てロックを取得しています。すると、プロセス（2）とプロセス（3）はそれぞれロックを所有していると思っています。おかしなことが始まります。

ここで幸いなことにキーバリューストアは、実行された書き込みごとに**リソースバージョン**を付加できます。ロック関数がこのリソースバージョンも保存し、値だけでなくリソースバージョンがロック処理を行った時と同じかどうかも確認するようcompareAndSwapを拡張しましょう。拡張後のLock関数は次のようになります。

```
func (Lock l) simpleLock() boolean {
  // 比較して "1" で "0" を置き換え
  locked, l.version, error = compareAndSwap(l.lockName, "1", "0", l.ttl)
  // ロックが存在しないなら、"1" を書き込む
  if error != null {
    locked, l.version, _ = compareAndSwap(l.lockName, "1", null, l.ttl)
  }
  return locked
}
```

この変更を受けて、unlock関数は次のようになります。

```
func (Lock l) unlock() {
  compareAndSwap(l.lockName, "0", "1", l.version)
}
```

これで、TTLが切れていない時だけロックが解放されるようになりました。

9.2.3 ハンズオン：etcdでのロックの実装

etcdでロックを実装するには、ロック名をキーに使用し、ロックの所有者は同時に1つだけになるよう事前条件の書き込みを行う必要があります。単純化のため、ロックやロックの解放にはetcdctlコマンドを使うことにします。現実的には、プログラミング言語を使うことになるでしょう。多くのプログラミング言語には、etcdのクライアントが存在しています。

my-lockという名前のロックを作成するところから始めましょう。

```
kubectl exec $POD_NAME -- sh -c \
  "ETCDCTL_API=2 etcdctl --endpoints=${ETCD_ENDPOINTS} set my-lock unlocked"
```

このコマンドは、etcd上にmy-lockというキーを作成し、初期値としてunlockedを入れます。

ここで、アリスとボブの両方がmy-lockのオーナーシップを取りたいと考えているとしましょう。アリスとボブは、ロックの値がunlockedであるという事前条件の元に、それぞれの名前をロックに書き込もうとします。

アリスが先に次のコマンドを実行してロックを取得しました。

```
kubectl exec $POD_NAME -- sh -c \
  "ETCDCTL_API=2 etcdctl --endpoints=${ETCD_ENDPOINTS} \
  set --swap-with-value unlocked my-lock alice"
```

そして、ボブがロックを取ろうとしました。

```
kubectl exec $POD_NAME -- sh -c \
  "ETCDCTL_API=2 etcdctl --endpoints=${ETCD_ENDPOINTS} \
  set --swap-with-value unlocked my-lock bob"

Error:  101: Compare failed ([unlocked != alice]) [6]
```

Errorから始まる行のエラーから、アリスがロックを所有しているためボブのロック取得の試みが失敗したことが分かります。

ロックを解放するため、アリスはロックの値がaliceであるという事前条件の元に、

unlockedをロックに書き込みます。

```
kubectl exec $POD_NAME -- sh -c \
  "ETCDCTL_API=2 etcdctl --endpoints=${ETCD_ENDPOINTS} \
  set --swap-with-value alice my-lock unlocked"
```

9.2.4 オーナーシップの実装

何らかの重要なコンポーネントの一時的なオーナーシップを実現するのに、ロックは便利な仕組みですが、コンポーネントの実行中ずっとオーナーシップを持ち続けたいこともあるでしょう。例えば、可用性の高いKubernetesでは、スケジューラには複数のレプリカがあります。しかし、スケジューリングの判断を行うレプリカは1台だけです。つまり、1度アクティブなスケジューラになったら、何らかの理由でプロセスが停止するまではアクティブなスケジューラで居続けることになります。

この場合、ロックのTTLを非常に長い時間（例えば1週間やそれ以上）に設定することも考えられます。しかし、これだと現状のロックオーナーが停止してしまっても、新しいロックオーナーはTTLが有効期限切れになる1週間後までロックを取得できないという大きな欠点があります。

このような時には、ロックを任意の時間保持し続けられるよう定期的にオーナーが更新できる、**更新可能なロック**（renewable lock）が必要になります。

前に定義したLockを、更新可能なロックを作成可能なように拡張しましょう。

```
func (Lock l) renew() boolean {
  locked, _ = compareAndSwap(l.lockName, "1", "1", l.version, ttl)
  return locked
}
```

無期限にロックを保持し続けられるよう、この処理を別スレッドで実行しておきたいこともあるでしょう。ロックはttl/2秒ごとに更新するようにしましょう。これで、タイミングの問題でロックが意図せず有効期限切れになってしまうリスクを大きく減らすことができます。

```
for {
  if !l.renew() {
```

```
      handleLockLost()
    }
    sleep(ttl/2)
  }
```

ここでは、必ずロックを必要とする処理すべてを停止する、handleLockLost関数を実装する必要があります。コンテナオーケストレーションシステムを使用しているなら、これを実装する最も簡単な方法は、アプリケーション自体を単に停止してしまい、オーケストレータに再起動を任せることでしょう。他のレプリカがロックを途中で取得するはずであるという点でこの方法は安全で、アプリケーションが再起動後に復帰してきたら、ロック解放を待つ2番目のレプリカになるはずです。

9.2.5 ハンズオン：etcdでの期間指定付きロックの実装

etcdで期間指定付きのロックを実装するに当たって、最初のロックの例に戻り、ロックの作成と更新の際に--ttl=〈秒〉フラグを追加しましょう。ttlフラグは、作成したロックが削除されるまでの時間を定義します。ttlが切れたらロックは消えてしまうので、unlockedという値を作成する代わりに、ロックが存在していなければロックが解放されていると考えることにします。これを実現するため、ここではsetコマンドの代わりにmkコマンドを使います。キーが存在して**いない**時だけ、etcdctl mkが成功します。

期間指定付きのロックを取得するため、アリスは次のコマンドを実行します。

```
kubectl exec $POD_NAME -- sh -c \
  "ETCDCTL_API=2 etcdctl --endpoints=${ETCD_ENDPOINTS} \
  mk my-lock alice --ttl=10"
```

このコマンドは、10秒の期間指定付きのロックを作成します。

アリスがロックを保持し続けるには、次のコマンドを実行する必要があります。

```
kubectl exec $POD_NAME -- sh -c \
  "ETCDCTL_API=2 etcdctl --endpoints=${ETCD_ENDPOINTS} \
  set --ttl=10 --swap-with-value alice my-lock alice"
```

アリスが自分の名前をロックに書き込み続けるのは妙に思えるかもしれませんが、ロックの期間指定を10秒以上に伸ばすにはこの処理が必要になります。

何らかの理由でTTLが切れたら、ロックの更新は失敗します。するとアリスはまたetcdctl mkコマンドを使ってロックを作成することになり、ボブも同じくロックを取得するためにmkコマンドを使うかもしれません。ボブもロックを取得した後に所有権を持ち続けるなら、10秒ごとにロックを更新する必要があります。

9.3 並列データ操作の扱い

ここまでに説明してきたロック機構のすべてを考えてみても、まだごく短い時間に2つのレプリカの両方がロックを保持していると認識してしまう状況があり得ます。なぜこのようなことが起きるかを考えるため、元々ロックを保持していたレプリカのプロセッサが数分停止してしまった場合を考えて下さい。このような状況は、非常に負荷が高いマシンで起こり得ます。この時、ロックがタイムアウトし、他のレプリカがロックを取得してしまうことになります。ここで、元々ロックを所有していたレプリカのプロセッサが解放されました。するとhandleLockLost()関数が直ちに呼び出されますが、非常に短い時間、そのレプリカがロックを保持していると認識してしまうタイミングがあります。このような状況はそんなには起きませんが、この状況に対しても堅牢であるようにシステムを作る必要はあります。まずは、ロックがまだ保持されているかダブルチェックする次のような仕組みを実装しましょう。

```
func (Lock l) isLocked() boolean {
  return l.locked && l.lockTime + 0.75 * l.ttl > now()
}
```

ロックによって保護されるべきコードの前にこの関数を実行すると、2つのマスタがアクティブになる可能性はかなり減少します。しかし、完全にはなくなりません。ロックのチェックとこのコードの実行の間にロックのタイムアウトが発生する可能性は常にあります。そのようなシナリオを排除するため、レプリカから呼び出されるシステムはレプリカがリクエストを送っているマシンが今もマスタであるか確認する必要があります。そのため、ロックの状態だけでなく、ロックを保持しているレプリカのホスト名も保存します。そうすれば、マスタだと思っているレプリカが実際にマスタであると、他のレプリカも断言できるようダブルチェックが可能になります。

このようなシステムを図示したのが図9-2です。図の中ではshard2がロックを所有しており、リクエストがワーカに送られると、ワーカはロックサーバにshard2が実際のロック所有者であるかを確認します。

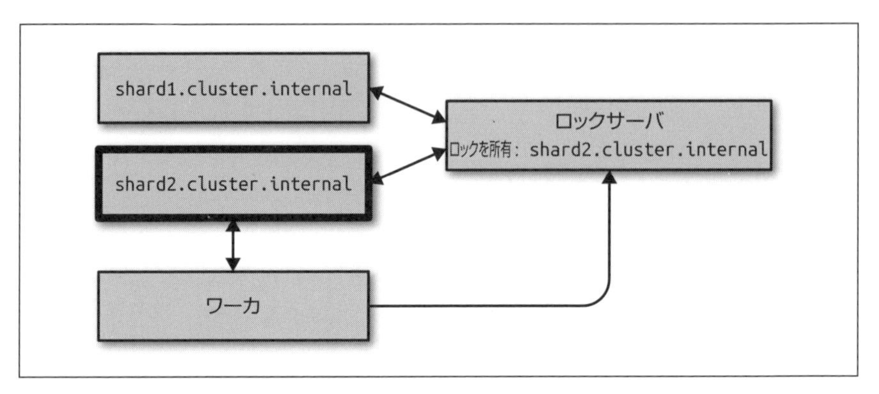

図9-2 メッセージの送信者が本当に現在のマスタであるかのダブルチェック

shard2はロックのオーナーシップを失っているけれど、まだそのことに気が付いていないので、ワーカノードにリクエストを送り続けているケースが考えられます。この時、ワーカノードはリクエストをshard2から受け取ると、ロックサービスでダブルチェックを行い、shard2はすでにロックを所有していないことに気づくので、リクエストの受付は拒否されます。

最後にもう1つ複雑な問題点を追加すると、ロックのオーナーシップはいつでも取得、解放、再取得が可能なので、本来は拒否されるべきリクエストが成功してしまう可能性があります。この状況があり得ることを理解するため、次のイベントの流れを想像してみて下さい。

1. マスタになるためシャード(1)がオーナーシップを取得。
2. シャード(1)はマスタとして時刻T1にリクエストR1を送信。
3. ネットワークの通信障害が発生し、R1の送信が遅延。
4. ネットワークの問題によりシャード(1)のTTLが切れ、シャード(2)にロックが移動。
5. シャード(2)がマスタになり、時刻T2にリクエストR2を送信。
6. リクエストR2が受信され、処理される。

7. シャード（2）がクラッシュし、オーナーシップがシャード（1）に返却される。
8. リクエストR1が受信される。シャード（1）がマスタなのでR1は受け入れられるが、R2がすでに処理されているので問題が発生。

このようなイベントの流れはかなり複雑ですが、現実問題、巨大システムでは困った頻度でこういったことが発生します。ただし、ありがたいことにetcdでリソースバージョンを使った前の例と同じような方法で解決できます。現在の所有者の名前をetcdに入れるのに加え、リクエストにリソースバージョンも付け加えて送信すればよいのです。つまりR1を(R1, Version1)のようにします。これで、リクエストが受信された時に現在のロック所有者に加えてリクエストのリソースバージョンも確認できます。どちらかのチェックが失敗した時点でリクエストは拒否されます。これで前述の例のような問題は発生しなくなります。

第Ⅲ部
バッチ処理パターン

ここまでの章では、信頼性を持って継続的に動き続けるサーバアプリケーションに対するパターンを説明してきました。ここでは、バッチ処理のパターンについて書きます。長時間動き続けるアプリケーションに比べて、バッチ処理は短時間しか動かないことを前提としています。バッチ処理の例としては、ユーザの位置情報を集約したり、日次や週次で売上げデータを分析したり、動画ファイルを変換したりといったタスクがあります。バッチ処理は一般的に、処理を高速化するために並列度をあげて巨大なデータをすばやく処理する必要があるという特徴があります。分散バッチ処理の最も有名なのは、すでに1つの分野であるとも言えるMapReduceパターンです。しかし、その他にもこれ以降の章で取り上げるようなバッチ処理に役立つパターンがいくつかあります。

10章 ワークキューシステム

バッチ処理の最も単純なかたちが**ワークキュー**です。ワークキューシステムには、処理されるワークアイテム（タスク）のかたまり（バッチ）があります。それぞれのワークアイテムは他のワークアイテムからは独立していて、処理する際に相互のやり取りはありません。ワークキューシステムのゴールは通常、一定時間内にそれぞれのワークアイテムを実行することです。ワーカは、ワークアイテムが処理されるよう、スケールアップしたりスケールダウンしたりします。一般的なワークキューの図が図10-1です。

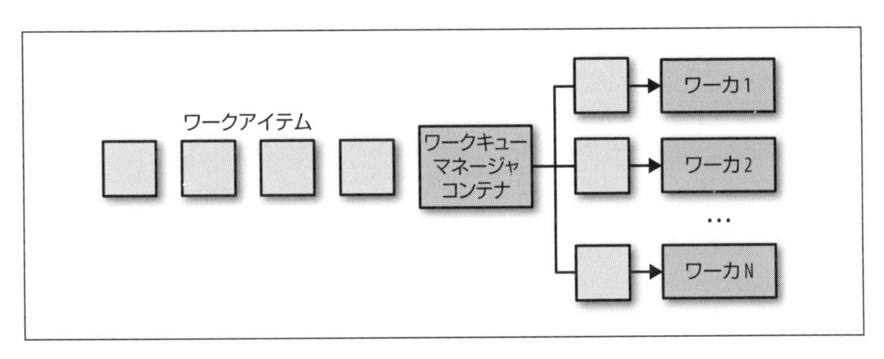

図10-1　一般的なワークキュー

10.1　汎用ワークキューシステム

ワークキューは、分散システムパターンの強力さを示すぴったりの方法です。ワークキューのほとんどのロジックは実際に処理されるワークアイテムとは完全に独立していて、多くの場合ワークアイテムの生成元も独立しています。これを図示したのが、図10-1です。この図をもう1度確認して、**ライブラリコンテナ**の集まりによって提供できる機能を探してみて下さい。すると、コンテナ化されたワークキューでは、多くの実装がいろいろなユーザによって共有できることが分かってきます。これを示したのが、図10-2です。

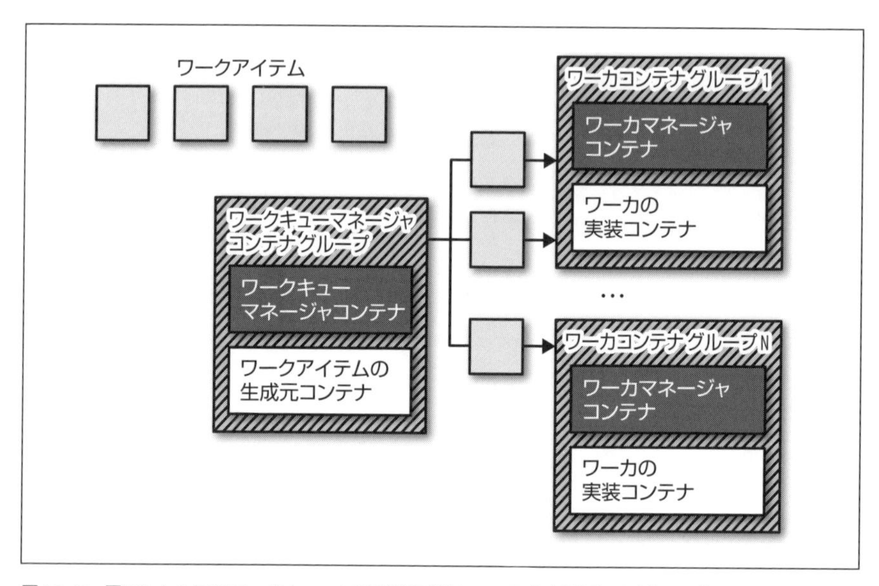

図10-2 図10-1と同じワークキューに再利用可能なコンテナを利用した例。再利用可能なシステムコンテナは白、ユーザが作成するコンテナはグレーで表示

再利用可能なコンテナを使ったワークキューを作るには、汎用ライブラリコンテナとユーザが定義するアプリケーションロジック間のインタフェイスが定義されている必要があります。コンテナ化されたワークキューには、処理されるべきワークアイテムを生成するソースコンテナのインタフェイスと、実際にワークアイテムを処理するワーカコンテナのインタフェイスの2つが必要です。

10.1.1 ソースコンテナインタフェイス

ワークキューには処理すべきワークアイテムが必要です。ワークキューのワークアイテムの生成元には、ワークキューのアプリケーションに応じてさまざまなものがあります。しかしワークアイテムが取得されてしまえば、ワークキューの処理自体はかなり汎用的です。そのため、アプリケーション特有のキューのロジックを汎用的なキューの処理ロジックから分離できます。前に出てきたコンテナグループのパターンを考えてみると、このような仕組みにはアンバサダパターンが使えることが分かります。汎用的なワークキューコンテナがプライマリアプリケーションコンテナです。一方、アプリケーション特有のワークキューソースコンテナは、汎用的なワークキューのリクエストを現実世界のワークキューの具体的な定義にプロキシするアンバサダになります。このコンテナグループを図示したのが図10-3です。

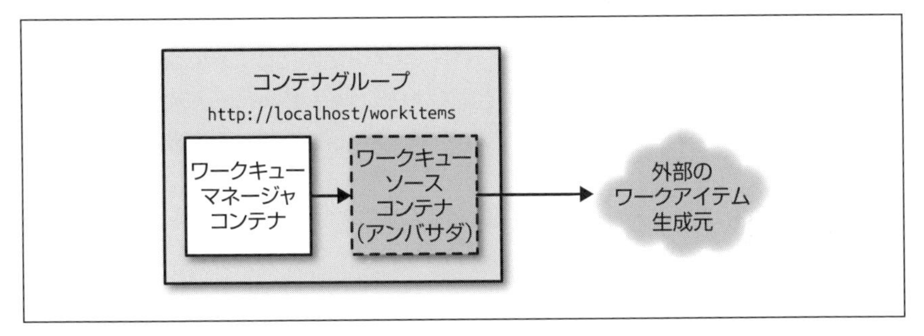

図10-3 ワークキューコンテナグループ

興味深いことに、アンバサダコンテナは明らかにアプリケーション特有の実装にもかかわらず、ワークキューソースAPIには汎用的な実装もたくさん存在しています。例えば、ワークアイテムの生成元はクラウドストレージAPIに保存された写真一覧やネットワークストレージ上のファイルの集合、あるいはKafkaやRedisのようなpub/subシステム上のキューかもしれません。このような場合、ユーザがシナリオに合ったワークキューアンバサダを選択するものの、それはコンテナの汎用「ライブラリ」実装を再利用することに他なりません。これで作業量を少なくしながらコードの再利用度を最大化できます。

ワークキューAPI

汎用ワークキューマネージャとアプリケーション特有のアンバサダ間の調整を行うために、それぞれのコンテナ間のインタフェイスを正式に定義する必要があります。いろいろなプロトコルが存在していますが、HTTP RESTful APIは実装が容易で、このようなインタフェイスのデファクトスタンダードになっています。マスタワークキューは、アンバサダに次のURLが実装されていることを前提としています。

- GET http://localhost/api/v1/items
- GET http://localhost/api/v1/items/<アイテム名>

APIの定義にv1を含める理由が気になったかもしれません。インタフェイスにv2ができる予定があるのでしょうか？　合理的でないように見えるかもしれませんが、定義する時からバージョンを入れておけば、変更コストが非常に小さくて済みます。バージョンを入れておかずにAPIのバージョンを再構成することになれば、コストは非常に大きくなります。そのため、今後変更の予定がなくてもAPIにバージョンを入れておくのがベストプラクティスなのです。備えあれば憂いなし、というわけです。

/items/は全ワークアイテムのリストを返します。

```
{
  kind: ItemList,
  apiVersion: v1,
  items: [
    "item-1",
    "item-2",
    ….
  ]
}
```

/items/<アイテム名>は、特定のワークアイテムの詳細を返します。

```
{
  kind: Item,
  apiVersion: v1,
  data: {
    "some": "json",
    "object": "here",
  }
}
```

APIはワークアイテムが処理されたことを示す情報を持っていない、という重要な点に気づいたかもしれません。もっと複雑なAPIをデザインし、アンバサダコンテナに細かい実装を加えることは可能です。しかし、ここでのゴールは汎用ワークキューマネージャにできるだけ汎用的な実装を加えることであると思い出して下さい。どのワークアイテムが処理され、どのワークアイテムが処理されるのを待っているかを管理するのは、ワークキューマネージャ自身が行うべきなのです。

APIからワークアイテムの詳細が取り出され、処理に備えてitem.dataフィールドがワーカインタフェイスに渡されます。

10.1.2 ワーカコンテナインタフェイス

特定のワークアイテムがワークキューマネージャに取得されたら、ワーカによって処理されなければなりません。これが汎用ワークキューの2つめのコンテナインタフェイスです。このコンテナとインタフェイスは、前のワークキューソースインタフェイスとはいくつかの点で微妙に異なります。1つめの違いは、1回きりのAPIであることです。処理の開始時に1度呼び出されるのみで、ワーカコンテナの生存期間にそれ以外の呼び出しはありません。2つめの違いは、ワーカコンテナはワークキューマネージャのコンテナグループには存在しないことです。その代わり、コンテナオーケストレーションAPIから起動され、独自のコンテナグループに割り当てられます。これにより、処理を開始するためにワークキューマネージャはワーカコンテナへリモート呼び出しを行う必要があります。また、クラスタ内の悪意あるユーザがシステムに余計な処理をインジェクションしないよう、セキュリティには注意する必要があります。

ワークキューソースAPIでは、ワークアイテムをワークキューマネージャに送信するために、シンプルなHTTPベースのAPIを使用しました。これは、APIへの呼び出しを繰り返す必要があったこと、ローカルホストで実行されるためセキュリティの懸念がなかったことが理由です。ワーカコンテナは1回しか呼び出しを実行しないので、システム内の他のユーザがワーカに余計なワークアイテムを間違って入れてしまうことがないようにする必要があります。そのため、ワーカコンテナではファイルベースのAPIを使います。具体的には、ワーカコンテナが作成されると、ワーカコンテナはWORK_ITEM_FILEという環境変数を受け取ります。この変数はコンテナのローカルファイルシステム内のファイルを指していて、ワークアイテムのdataフィールドの中身がその中のファイルに書き込まれます。これにより、APIをKubernetesの

ConfigMapオブジェクトとして実装できるようになり、コンテナグループにファイルとしてマウントできます。これを図示したのが図10-4です。

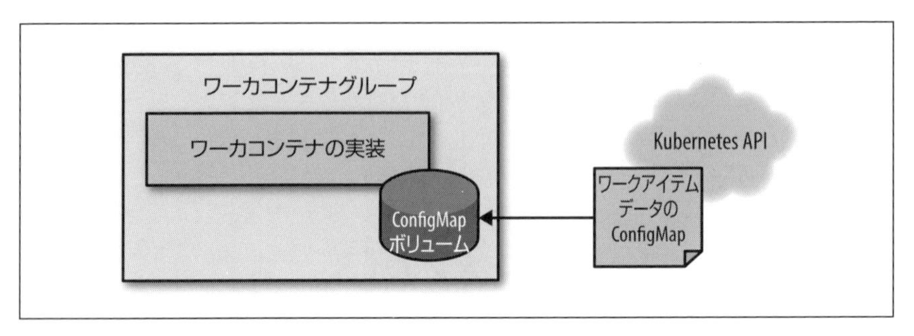

図10-4　ワークキューワーカAPI

このファイルベースのAPIパターンは、コンテナから見ても実装が簡単です。ワークキューワーカはいくつかのコマンドラインツールを組み合わせた単なるシェルスクリプトであることも多いので、処理を行うのにWebサーバを立ち上げるようなことは複雑さを増すだけです。ワークキューソースの実装と同じく、ワーカコンテナの多くは特定のキューアプリケーション向けの特殊なコンテナイメージですが、さまざまなワークキューアプリケーションに適用できる汎用的なワーカも存在しています。

クラウドストレージからファイルをダウンロードし、そのファイルを入力としてシェルスクリプトを実行し、出力をクラウドストレージにコピーするというワークキューを想像してみて下さい。そのようなコンテナはほぼ汎用的と言えますが、実行時にスクリプトをパラメータとして与えられたらどうでしょうか。その場合、ファイルの扱いに関する処理の大部分は複数のユーザやワークキューから共有されるけれど、ファイル処理の使用だけがエンドユーザから提供されることになります。

10.1.3　共有ワークキュー基盤

ここまで取り上げた2つのコンテナインタフェイスの実装以外に、再利用可能なワークキューの実装を作るのに必要なのは何でしょうか。ワークキューの基本的なアルゴリズムはかなり単純です。

1. ソースコンテナインタフェイスを呼び出して、ワークアイテムをロード。
2. どのワークキューが処理済み、あるいは現在処理中かを判断するため、ワークキューの状態を問い合わせ。

3. ワークアイテムを処理するため、ワーカコンテナインタフェイスを使うジョブを呼び出し。
4. ワーカコンテナが正常に終了したら、ワークアイテムの処理完了を記録。

このアルゴリズムは言葉で表すと簡単ですが、実際に実装してみると少々複雑です。幸い、Kubernetesコンテナオーケストレータはこの実装を簡単にする数々の機能を持っています。具体的には、ワークキューを信頼性を持って実行するためのJobオブジェクトがあります。Jobオブジェクトは、ワーカコンテナを1回だけ実行することも、成功するまで繰り返し実行するようにも設定できます。ワーカコンテナが成功するまで実行するよう設定すると、クラスタ内のマシンが故障しても、ジョブは最終的に成功するまで実行されます。オーケストレータがワークアイテムを信頼性を持って実行することに責任を持ってくれるので、ワークキューの構築作業が劇的に単純化されます。

さらに、ジョブが処理中のワークアイテムにマークをつけられるよう、各Jobオブジェクトにアノテーションをつけられます。これによって、どのアイテムが処理中なのかと、成功したか失敗したかという完了ステータスも分かるようになります。

これらをまとめて考えると、ストレージを用意しなくても、Kubernetesオーケストレーションレイヤ上にワークキューを実装できるということです。これでワークキューのインフラ構築が非常にシンプルになります。

拡張版のワークキューコンテナの運用は次のようになります。

```
次を永遠に繰り返す
        ワークソースコンテナインタフェースからワークアイテムの一覧を取得
        このワークキューのために作成されたすべてのジョブ一覧を取得
        未処理のワークアイテムの集合を取り出すため上の2つの一覧の差分を取得
        未処理のワークアイテム向けに、適切なワーカコンテナを起動するJobオブジェクトを作成
```

このワークキューのPythonによる実装例は次のとおりです。

```
import requests
import json
from kubernetes import client, config
```

```
import time

namespace = "default"

def make_container(item, obj):
  container = client.V1Container()
  container.image = "my/worker-image"
  container.name = "worker"
  return container

def make_job(item):
  response = requests.get("http://localhost:8000/items/{}".format(item))
  obj = json.loads(response.text)
  job = client.V1Job()
  job.metadata = client.V1ObjectMeta()
  job.metadata.name = item
  job.spec = client.V1JobSpec()
  job.spec.template = client.V1PodTemplate()
  job.spec.template.spec = client.V1PodTemplateSpec()
  job.spec.template.spec.restart_policy = "Never"
  job.spec.template.spec.containers = [
    make_container(item, obj)
  ]
  return job

def update_queue(batch):
  response = requests.get("http://localhost:8000/items")

  obj = json.loads(response.text)
  items = obj['items']

  ret = batch.list_namespaced_job(namespace, watch=False)

  for item in items:
    found = False
    for i in ret.items:
      if i.metadata.name == item:
        found = True
      if not found:
```

```
        # この関数はJobオブジェクトを作成する
        # ここでは省略
        job = make_job(item)
        batch.create_namespaced_job(namespace, job)

config.load_kube_config()
batch = client.BatchV1Api()

while True:
  update_queue(batch)
  time.sleep(10)
```

10.2 ハンズオン：動画サムネイル作成の実装

ワークキューをどのように使うかの具体的な例を示すため、動画のサムネイルを生成するタスクを考えてみましょう。サムネイルがあると、ユーザはどの動画を見たいかを判断しやすくなります。

動画のサムネイル生成を実装するため、2つのユーザコンテナが必要です。1つめがワークアイテムの生成元コンテナです。最も単純な生成方法は、ワークアイテムをNFSのような共有ディスク上に置くことです。ワークアイテムの生成元は、ディレクトリ内のファイルの一覧を作り、それを呼び出し元に送ればいいだけです。これを実装したシンプルなNode.jsプログラムは次のようになります。

```
const http = require('http');
const fs = require('fs');

const port = 8080;
const path = process.env.MEDIA_PATH;

const requestHandler = (request, response) => {
  console.log(request.url);
  fs.readdir(path + '/*.mp4', (err, items) => {
    var msg = {
      'kind': 'ItemList',
      'apiVersion': 'v1',
      'items': []
    };
```

```
    if (!items) {
      return msg;
    }
    for (var i = 0; i < items.length; i++) {
      msg.items.push(items[i]);
    }
    response.end(JSON.stringify(msg));
  });
}

const server = http.createServer(requestHandler);

server.listen(port, (err) => {
  if (err) {
    return console.log('Error starting server', err);
  }

  console.log(`server is active on ${port}`)
});
```

この生成元によって、サムネイルを生成すべき動画のキューが定義されます。実際にサムネイルを作成する処理には、ffmpegユーティリティを使いましょう。

次のコマンドを内部で実行するコンテナを作成します。

```
ffmpeg -i ${INPUT_FILE} -vf "select=not(mod(n\,100))" -vsync vfr thumb%03d.png
```

このコマンドは、100フレームごとに1フレームを取り出して、PNGファイル（thumb001.png、thumb002.png…）を出力します。

このような画像処理を実行するには、ffmpegのDockerイメージが利用できます。jrottenberg/ffmpeg（https://hub.docker.com/r/jrottenberg/ffmpeg/）がよく使われているものの1つです。

シンプルなソースコンテナと、さらにシンプルなワーカコンテナを用意しただけですが、汎用的なコンテナベースのキューイングシステムの強力さと便利さがよく分かります。コンテナを使うことで、ワークキューの実装に関して、事前の想定と実際にかかる時間や労力の差分が劇的に小さくなります。

10.3 ワーカの動的スケール

ここまで述べたワークキューは、ワークキューに到着したアイテムをなるべくすばやく処理するのには最適でしたが、コンテナオーケストレータのクラスタに大きな負荷がかかることになります。違うタイミングで処理量が増えるさまざまなワークロードがある場合には、インフラは平均して利用されるので問題ありません。しかし、ワークロードの種類が十分にない場合、ワークキューはとても忙しいかとても暇かのどちらかになってしまいます。このようなワークキューをスケールさせるには、バーストする処理量をサポートするために、処理がない時にアイドル状態にさせておくしかない（その上とてもお金のかかる）リソースを超過割り当てしておく必要があります。

この問題を解決するため、ワークキューが作成しようとするJobオブジェクトの総数を制限することもできます。これにより並列で実行するワークアイテムの数が制限され、特定のタイミングで使用するリソースの最大量を制限することに繋がります。しかし、負荷が高い時に各ワークアイテムの処理時間（レイテンシ）が長くなることにもなります。負荷が集中するだけなら、その集中時に増加したバックログを余裕がある時に処理すればいいので問題ないでしょう。しかし通常時の負荷がそもそも高すぎると、ワークキューが追いつくことはできず、処理時間はどんどん長くなります。

ワークキューがこのような状況になった場合、入ってくるワークアイテムを処理できるよう、ワークキューの並列度（そしてそれに対応したリソース量）を動的に上げる必要があります。幸い、ワークキューを動的にスケールアップする必要があるのがいつなのかを計算する数学的公式があります。

新しいワークアイテムが平均で1分1回入って来て、それぞれのワークアイテムは平均で完了まで30秒かかるワークキューを考えてみましょう。このようなシステムでは、すべての処理を遅れずに実行できる能力があると言えます。処理が一度に大きなかたまりでやってきてバックログができても、ワークキューはワークアイテムが1つ到着する間に平均して2つのワークアイテムを処理できるので、最終的にはバックログはなくなるはずです。

新しいワークアイテムが平均で1分1回入ってくるけれど、それぞれの処理完了まで平均で1分かかる場合、システムは完全にバランスが取れている状態ですが、変化に対する許容範囲はありません。集中的な処理の増大にもキャッチアップできますが、それにはしばらくかかるでしょう。また、新しいワークアイテムが入ってくる比率が継続的に増えても、それを吸収するための余裕あるいはキャパシティはありません。安定したシステムを保つのには、サービスの成長やそれ以外の継続的な処理の増加（あるいは予期せぬ処理のスローダウン）に対する安全のための余力が必要なので、こういった状況は理想的とは言えません。

また最後に、ワークアイテムが平均で1分1回入ってきて、それぞれの処理完了までに2分かかるシステムを考えてみましょう。このようなシステムでは、常に不利な状況に置かれていることになります。処理のキューは際限なく大きくなり、キュー内のワークアイテムのレイテンシは無限に長くなっていきます（そしてユーザもイライラするでしょう）。

これらのことから、ワークキューに対してワークアイテムが入ってくる平均頻度と、その処理完了までにかかる平均時間という2つの指標を記録すべきです。また、より長い時間でのワークアイテムの平均数（24時間あたりのワークアイテム数）によって、新しいアイテムの**到着間隔**（interarrival time）が分かります。さらに、アイテムの処理を始めてから完了するまでの平均時間（キュー内にいた時間を含まない）も記録できます。安定したワークキューにするため、アイテムの処理時間が新しいアイテムの到着間隔よりも短くなるようリソース量を調整する必要があります。ワークアイテムを並列に処理しているなら、並列度でワークアイテム数を割ればよいでしょう。例えば、1アイテムの処理に1分かかるけれど、4アイテムを並列に処理する場合、実質的な1アイテムの処理時間は15秒になるので、到着間隔は16秒以上を保持すればよいことになります。

このような考え方をすると、ワークキューのサイズを動的に変更するオートスケーラを作るのがかなり単純になります。ワークキューのサイズダウンはなかなか複雑ですが、同じような計算に加えて、保持しておきたい安全余力を実現するためのキャパシティに関して、経験則を当てはめられるでしょう。例えば、ワークアイテムの処理時間が新しいアイテムの到着間隔の90%になるまで並列度を下げる、といったルールです。

10.4 マルチワーカパターン

この本のテーマの1つは、カプセル化とコードの再利用のためにコンテナを使用することです。この章で取り上げるワークキューパターンにも同じことが当てはまります。ワークキューを動かすコンテナの再利用のパターンに加え、ワーカの実装を構成するのにいろいろなコンテナを使うことも可能です。例えば、あるワークキューのアイテムに対して実行したい処理が3種類あるとしましょう。画像から顔を検出し、誰の顔かをタグ付けし、画像の顔部分をぼかすといったような処理です。これらのタスクをすべて行うワーカを書くことも可能ですが、それだとカスタムメイドな仕組みになってしまいます。そのため、検出するのが車という点だけ違い、ぼかす処理は同じといったような場合に再利用できません。

このような場合にコードの再利用を行うには、**マルチワーカパターン**を利用します。これは、前に取り上げたアダプタパターンの特化パターンです。ここでのマルチワーカパターンは、異なるワーカコンテナの集まりを、1つの統合されたコンテナに変換します。統合されたコンテナはワーカインタフェイスを持ち、再利用可能なさまざまなコンテナに実際の処理を委任します。このプロセスを図示したのが図10-5です。

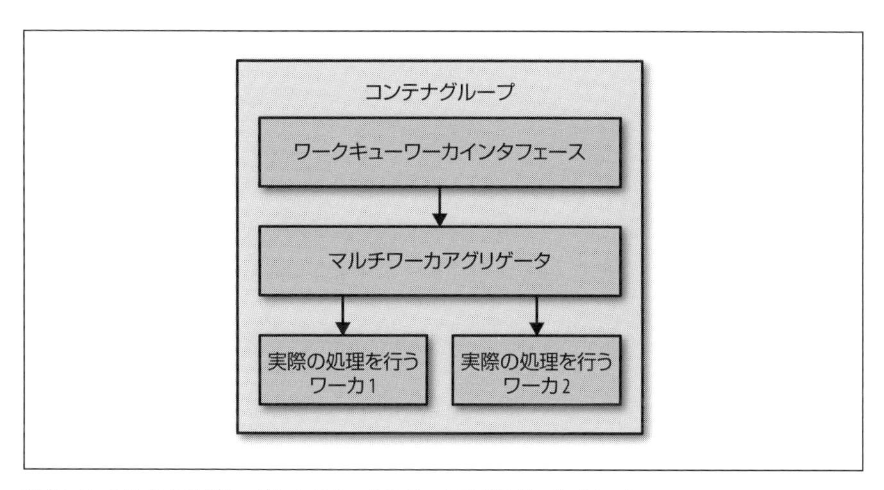

図10-5　コンテナのグループとしてのマルチワーカアグリゲータパターン

このコードの再利用によって、異なるワーカコンテナの組み合わせがコードの再利用度を上げることになり、バッチ指向の分散システムをデザインする手間を減らすことになります。

11章 イベント駆動バッチ処理

10章では、ワークキューを処理する汎用的なフレームワークと、シンプルなワークキュー処理を行ういくつかのアプリケーションの例を見てきました。ワークキューはある入力をある出力に別々に変換するのに適した仕組みです。しかし、複数のアクションを行ったり、1つのデータ入力から複数の出力を生成する必要があるといったバッチアプリケーションもたくさんあります。そういった場合、あるワークキューの出力が他のワークキューの入力になるよう、ワークキュー同士を繋げることになります。これにより、前のワークキューのステップが完了したというイベントを受けて処理ステップが繋がった形になります。

このようなイベント駆動システムは、いろいろなステージとの協調を表現する有向非巡回グラフ上の処理（work）の流れ（flow）になるので、**ワークフロー**システム（workflow systems）と呼ばれることが多いです。このシステムの基本的な図が図11-1です。

この種のシステムの最も単純なアプリケーションは、あるキューの出力を次のキューの入力に単に繋げたものです。しかし、システムが複雑になっていくと、ワークキュー同士を繋げる方法に、いろいろなパターンが出てきます。このようなパターンを理解してデザインするのは、システムがどのように動いているのかを理解するのに重要です。イベント駆動バッチの運用は、イベント駆動FaaSと似ています。そのため、各イベントキューがそれぞれどのように関連し合っているかの詳細を知らないと、システム全体がどのように動いているのかを理解するのは難しくなります。

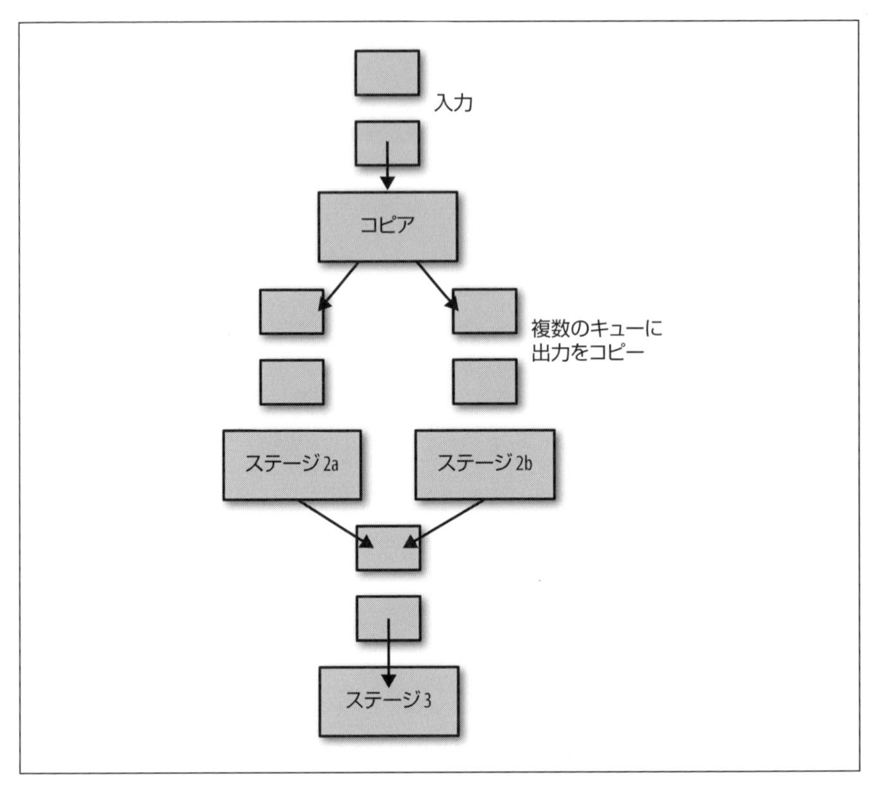

図11-1 ワークアイテムを複数のキュー（ステージ2aと2b）にコピーし、並列に処理し、1つのキュー（ステージ3）にまとめるワークフロー

11.1 イベント駆動処理のパターン

10章で説明したシンプルなワークキュー以外にも、ワークキュー同士を繋げたパターンがたくさんあります。その中でも最もシンプルなパターンは、あるキューの出力が2番目のキューの入力になるものですが、これはここで取り上げるには簡単過ぎます。ここでは、複数の違った種類のキューが連携したり、ワークキューの出力を変更するようなパターンについて説明します。

11.1.1　コピア

ワークキューが連携する最初のパターンは、**コピア**（copier）です。コピアのジョブは、ワークアイテムのストリームを1つ取り込み、それを2つあるいはそれ以上のストリームに複製します。このパターンは、同じワークアイテムに対して複数の違った処理を行う時に便利です。そのような処理の例として、動画のレンダリングがあります。動画をレンダリングする際には、動画がどのように表示されるかに応じた適したフォーマットがたくさん存在しています。ハードドライブから再生するのに適した4Kの高解像度フォーマット、デジタルストリーミング向けの1080pレンダリング、遅いネットワーク経由でモバイルユーザ向けにストリーミングする際の低解像度フォーマット、動画選択のユーザインタフェイスを表現するアニメGIFサムネイルなどがあります。これらのワークアイテムに対して、レンダごとに別々のワークキューを作ることも可能ですが、各ワークアイテムに対する入力は全く同じになります。動画変換にコピアパターンを使った場合の図が図11-2です。

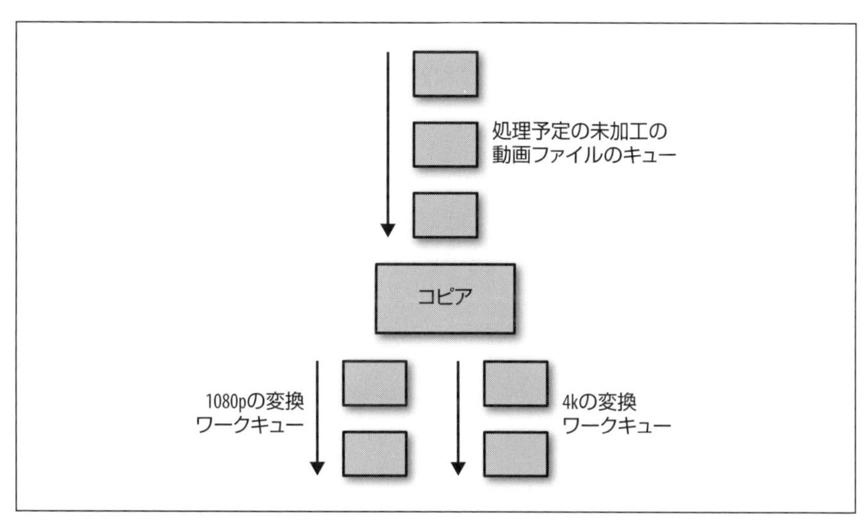

図11-2　動画変換に対するコピアバッチパターン

11.1.2　フィルタ

イベント駆動バッチ処理の2つめのパターンが、**フィルタ**（filter）です。フィルタの役割は、ある一定のルールに当てはまらないワークアイテムをフィルタすることで、ワークアイテムを減らすことです。この例として、サービスに対する新規ユーザのサインアップを扱うバッチワークフローを考えてみましょう。新規登録するユーザには、販促などの情報をメールで欲しいことを表すチェックボックスにチェックする人がいます。このようなワークフローにおいて、新規にサインアップしたユーザから、メールによるコンタクトに明示的にオプトインしたユーザのみをフィルタできます。

理想的には、既存のワークキューソースをラップするアンバサダとして、フィルタのワークキューソースを作りたいでしょう。元のソースコンテナは処理すべきアイテムの完全なリストを提供する一方で、フィルタコンテナはそのリストをルールに従って調整し、ワークキューのインフラに対してフィルタされた結果だけを返します。このようなアダプタパターンの利用を図示したのが図11-3です。

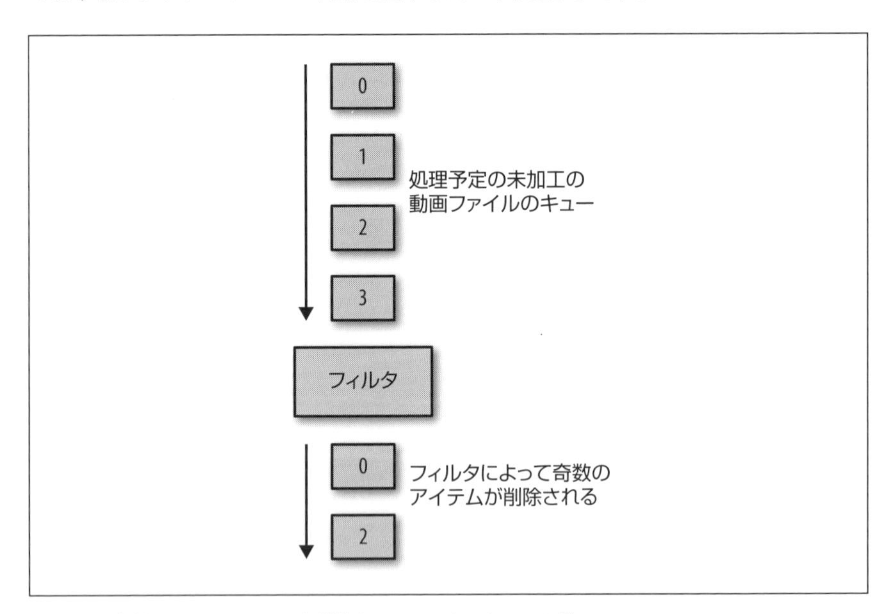

図11-3 奇数のワークアイテムを削除するフィルタパターンの例

11.1.3 スプリッタ

何かを弾き落とすことでフィルタをするのではなく、2つの異なる種類の入力がワークアイテムの中に存在していて、弾き落とすことなくそれらを種類ごとに2つのワークキューに分けたい場合があるでしょう。このようなタスクには、**スプリッタ**（splitter）が利用できます。スプリッタの役割は、フィルタのようなルールを検証しますが、入力を削除する代わりに、ルールに応じて異なる入力を異なるキューに送ることです。

スプリッタパターンのアプリケーションとして、オンラインショップでのオーダーに対して、ユーザがメールまたはテキストメッセージ（SMS）で発送通知を受け取れるよう処理する例が考えられます。発送されたことを示すアイテムのワークキューがある時、スプリッタはそれを2つのキューに振り分けます。1つはメールを送るためのキュー、もう1つはテキストメッセージを送るキューです。ユーザがメールとテキストメッセージの両方の送信を要求するような場合には、スプリッタは複数のキューに同じ出力を送ることになるので、コピアでもあります。つまり、スプリッタはコピアと2つのフィルタを使って実装することも可能だというのがおもしろいところです。しかし、スプリッタパターンはスプリッタの仕事をより簡潔にしたコンパクトな表現です。発送通知をユーザに送るのにスプリッタパターンを使った例が、図11-4です。

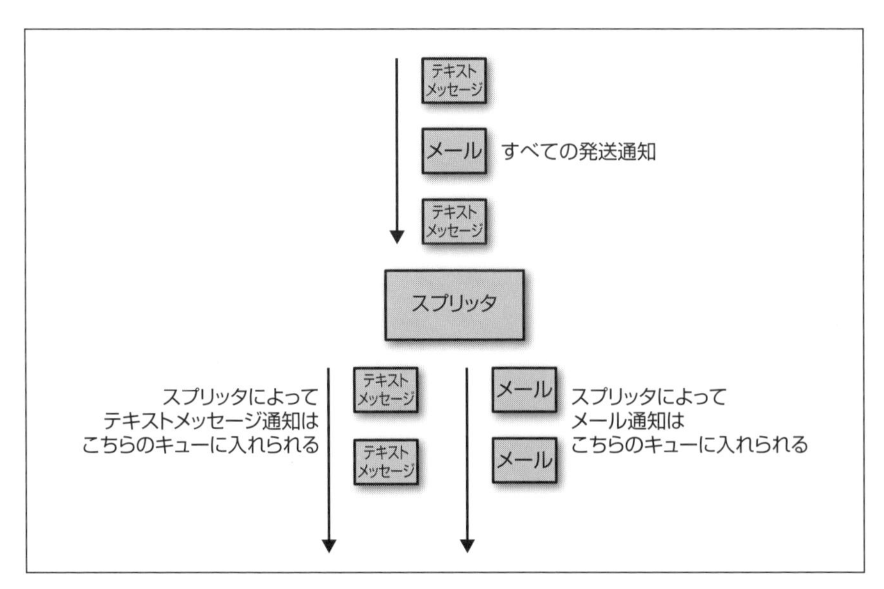

図11-4　発送通知を2つのキューに分けるバッチスプリッタパターンの例

11.1.4 シャーダ

スプリッタのもう少し汎用的な形が**シャーダ**（sharder）です。ここまでの章で見てきたシャーディングされたサーバと同じように、ワークフロー内でのシャーダの役割は、1つのキューを何らかの**シャーディング関数**を元にしてワークアイテムの集合に均等に分けることです。ワークフローにシャーディングを適用する理由はいくつかあります。最初に挙げられるのは、信頼性でしょう。ワークキューをシャーディングすると、うまくいかなかったアップデートやインフラ障害、あるいはそれ以外の問題などによってワークフローの1つに障害が発生しても、サービスの一部のみが影響を受けるだけで済みます。

例として、ワーカコンテナに障害を引き起こすアップデートを適用したと考えて下さい。それにより、ワーカはクラッシュし、キューはワークアイテムの処理を止めてしまいました。アイテムを処理するワークキューが1つしかなければ、全ユーザが影響を受ける完全障害になってしまいます。しかし、4つの別々のワークキューにシャーディングを行っていれば、新しいワーカコンテナに対して段階的な展開ができる可能性があります。これなら、段階的な展開の最初のフェーズで問題に気づくはずなので、4つのシャードにキューをシャーディングすると、ユーザの4分の1が影響を受けるだけになります。

ワークキューをシャーディングする別な理由として、異なるリソースに処理を平均的に分散することが挙げられます。ワークアイテムのある集合を処理するのに、リージョンやデータセンタを気にしないなら、すべてのデータセンタやリージョンの使用率が同じになるよう、シャーダを使って複数のデータセンタにまたがって平均に処理を分散できます。アップデートと同じく、ワークキューを複数の障害ドメインに分散することで、データセンタやリージョン障害に対する信頼性を高めることもできます。すべてが正常に動作しているシャーディングされたキューを図示したのが図11-5です。

障害が発生して正常なシャードの数が減ると、キューが1つしか残っていない場合でも、ワークアイテムを残った正常なワークキューに送るよう、シャーディングアルゴリズムによって動的に調整されます。これを図示したのが図11-6です。

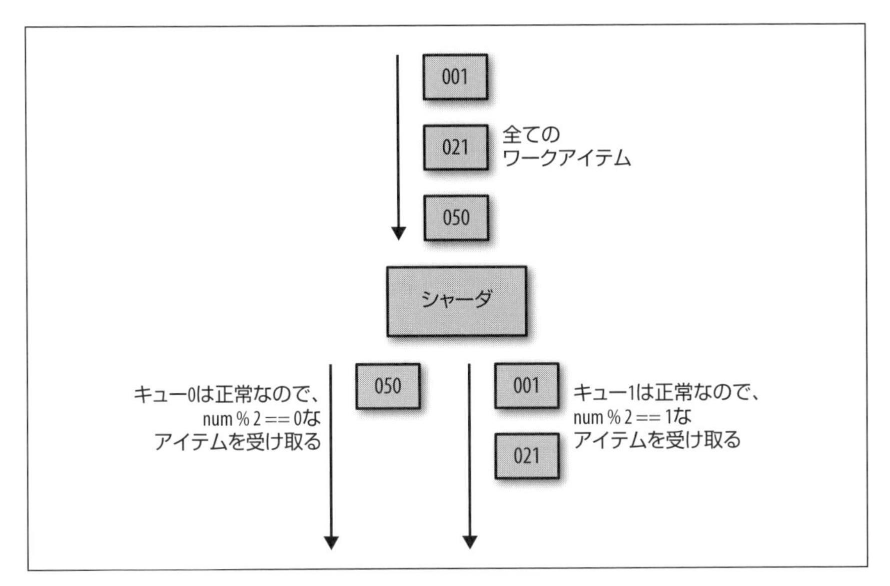

図11-5　正常な状態のシャーディングパターンの例

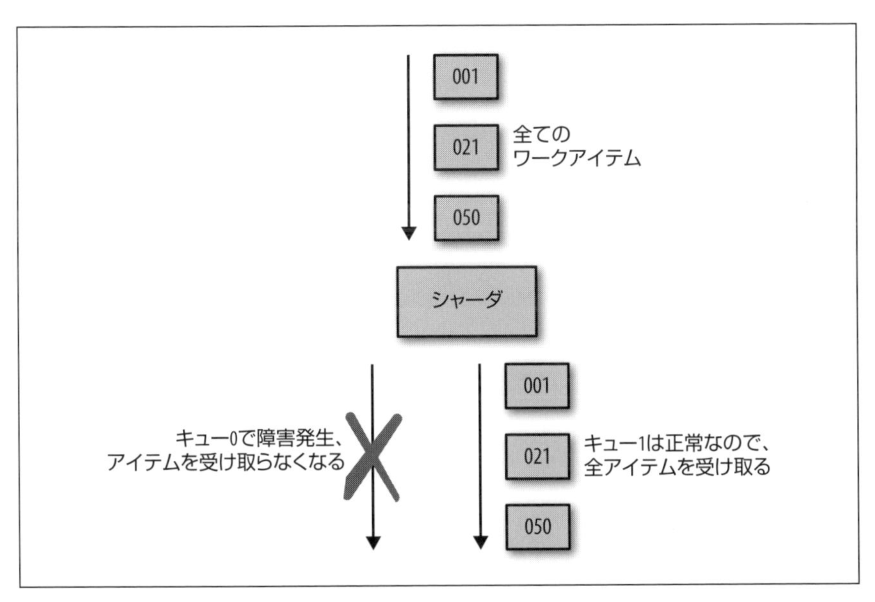

図11-6　ワークキューが1つ正常でなくなり、残ったワークアイテムが他のキューに集まる例

11.1.5 マージャ

イベント駆動のワークフローバッチシステムの最後のパターンは、マージャ（merger）です。マージャは、コピアの反対です。つまり、マージャは2つのワークキューを1つのワークキューにします。例えば、新しいコミットを同時に追加するリポジトリが大量に存在するとしましょう。これらのコミットに対して、ビルドとテストを実行したいとします。それぞれのソースリポジトリに対応するビルドインフラを作るのは、スケーラブルとは言えません。そのため、各リポジトリを、コミットの集合を生成するワークキューソースであるとして考えます。これらのワークキューの入力を、マージャアダプタを使って統合された1つの入力に変換します。この統合されたコミットのストリームは、実際のビルドを実行するビルドシステムの入力に使われます。マージャは、アダプタパターンの素晴らしい例でもあります。このケースでは、アダプタは複数のソースコンテナを統合された1つのソースに変えています。このマルチアダプタパターンを図示したのが図11-7です。

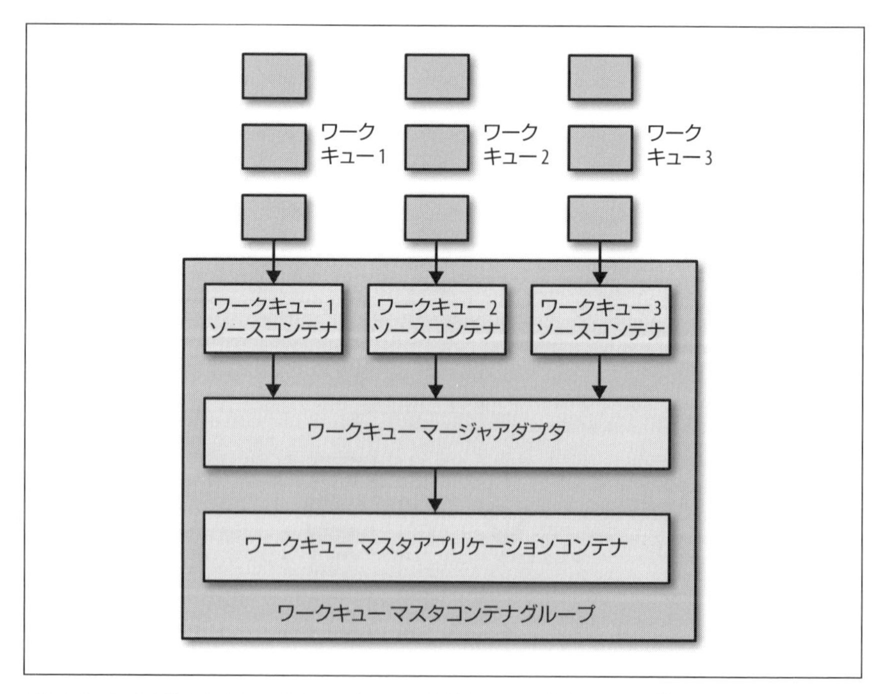

図11-7 複数の独立したワークキューを1つの共有キューに変えるため、複数レベルのコンテナを使用する例

11.2 ハンズオン：イベント駆動な新規ユーザ登録フローの構築

ワークフローの具体的な例を見ることで、これらのパターンが完全な運用システムになり得ることが分かります。ここでは、新規ユーザ登録のフローを考えてみましょう。

ユーザの獲得ファネルには2つのステージがあるとしましょう。1つめのステージは、ユーザの確認です。新規ユーザが登録すると、ユーザはメールアドレス確認のためにメールで通知を受け取る必要があります。ユーザのメールアドレス確認が済んだら、確認メールを受け取ります。その後ユーザは、オプションとして通知をメールとテキストメッセージのいずれかまたは両方で受け取る選択をします。

イベント駆動ワークフローの最初のステップは、認証メールの生成です。信頼性を確保しつつこれを行うため、ユーザを地理的に離れた障害ドメインにシャーディングする、シャードパターンを使います。これにより、部分障害が起こった場合でも新規ユーザ登録処理を継続できます。各ワークキューのシャードは、確認メールをエンドユーザに送信します。その時点で、ワークフローの1ステージは完了です。フローの最初のステージを図示したのが図11-8です。

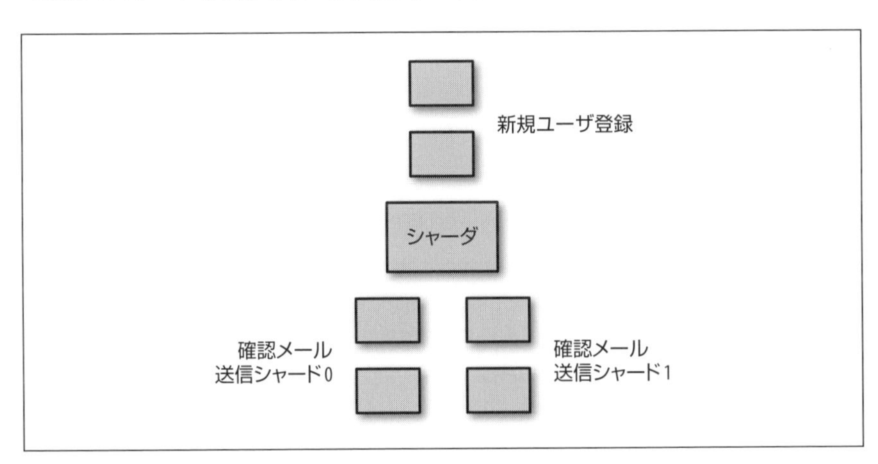

図11-8　新規ユーザ登録フローの最初のステージ

エンドユーザから確認メールを受け取ったら、ワークフローが再開されます。この確認メールは、ようこそメールを送信し通知設定を行う別の（ただし関連した）ワークフローにおけるイベントになります。このワークフローの最初のステージは、ユーザが2つのワークキューにコピーされるという点から、コピアパターンの一例でもあります。1つめのワークキューはようこそメールを送信する役割を担い、2つめのワークキューはユーザの通知設定を行います。

ワークアイテムが2つのキューに複製されたら、メールを送信するキューはメール送信だけを行って、ワークフローは終了します。しかし、コピアパターンを使ったので、ワークフロー上にはアクティブなイベントのコピーがまだ存在しています。コピアは、通知設定を扱うワークキューを始動します。このワークキューは、ワークキューをメールとテキストメッセージの2つの通知のキューに分けるという点でフィルタパターンの例になっています。これらのキューは、メールまたはテキストメッセージでユーザへの通知を送る設定を登録します。

ワークフローの残りの部分に関する図が図11-9です。

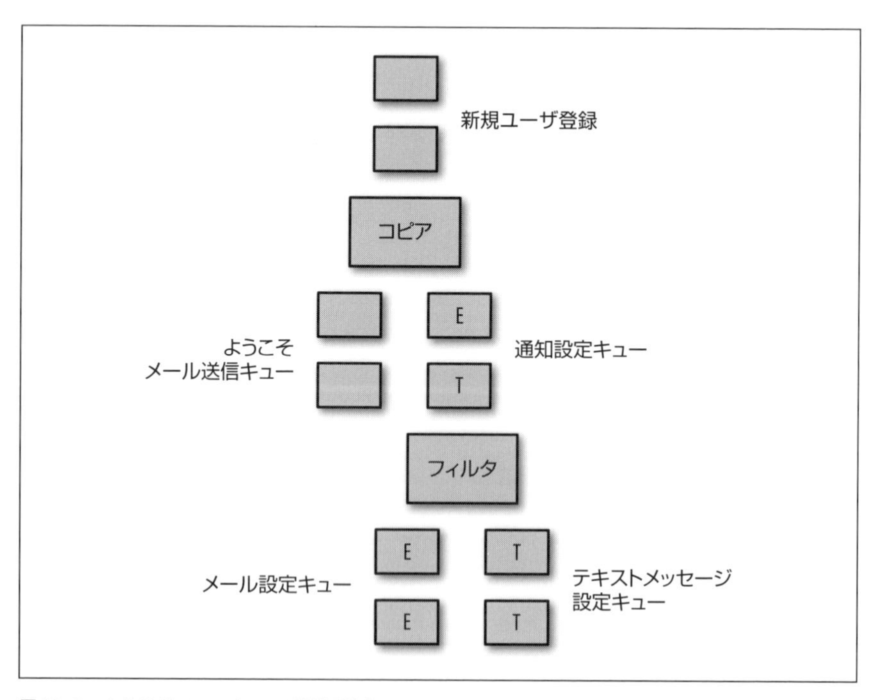

図11-9 ようこそメールとユーザ通知設定のワークキュー

11.3 パブリッシャ・サブスクライバ（pub/sub）基盤

ここまで、異なるイベント駆動バッチ処理パターンを組み合わせた抽象パターンの種類を見てきました。しかし、そのようなシステムを構築する段階になると、イベント駆動なワークフロー上を受け渡されていくデータのストリームを管理する方法を考える必要があります。最も単純なのは、ワークキュー内の要素を単にローカルファイルシステム上のディレクトリに書き込み、各ステージでそのディレクトリを監視して入力として使うという方法です。しかし、こういったローカルファイルシステムを使う方法は、ワークフローをシングルノードで運用しなければならないという制約を生みます。複数ノードにファイルを分散するためにネットワークファイルシステムを導入することも可能ですが、コードの面でもバッチワークフローのデプロイの面でも複雑さが増大してしまいます。

このようなワークフローを構築する人気のやり方として、パブリッシャ・サブスクライバ（publisher/subscriber、pub/sub）APIあるいはサービスを使用する方法があります。pub/sub APIを使うと、ユーザはキューの集まり（トピックと呼ばれることもあります）を定義できます。**パブリッシャ**がキューに対してメッセージをパブリッシュ（publish、送信）し、**サブスクライバ**はこのキューに新しいメッセージが来るのを待ち受けています。メッセージがパブリッシュされたら、キューによって確実に保存され、その後確実な方法でサブスクライバに届けられます。

現時点では、AzureのEventGridやAmazonのSimple Queue Serviceなど、多くのパブリッククラウドでpub/sub APIがサポートされています。さらに、オープンソースのKafkaプロジェクト（`https://kafka.apache.org`）が、自前のハードウェアやクラウドの仮想マシン上で動かせる、人気のあるpub/sub実装を提供しています。pub/sub APIの概要を述べていくに当たり、例としてKafkaを使用します。しかし、他のpub/sub APIへの移植も比較的簡単にできるはずです。

11.4 ハンズオン：Kafkaのデプロイ

Kafkaのデプロイ方法はたくさんありますが、簡単なのがKubernetesクラスタとHelmパッケージマネージャを使って、コンテナとして動かす方法です。

HelmはKubernetesのパッケージマネージャで、Kafkaのような既製のアプリケーションを事前にパッケージし、簡単にデプロイしたり管理したりする仕組みです。まだ`helm`コマンドをインストールしていないなら、`https://helm.sh`からインストールして下さい。

helmツールをマシン上に準備したら、初期化する必要があります。次のコマンドでHelmを初期化すると、tillerと呼ばれるコンポーネントがクラスタにデプロイされ、いくつかのテンプレートがローカルファイルシステム上にインストールされます。

```
helm init
```

これでHelmがインストールされたので、次のコマンドを使ってKafkaをインストールできます。

```
helm repo add incubator \
  http://storage.googleapis.com/kubernetes-charts-incubator
helm install --name kafka-service incubator/kafka
```

Helmテンプレートには、本番環境での堅牢さとサポートに関してさまざまなレベルのものが含まれています。stableテンプレートは最も厳格に検査されてサポートされており、Kafkaも含まれているincubatorテンプレートは実験的で本番環境での実績に乏しいものです。とは言えincubatorテンプレートは、手早く仕組みを確認したり、Kubernetesベースのサービスを本番環境で実装する時の手始めとしては便利なものです。

Kafkaが動作するようになったら、パブリッシュするトピックを作成できます。バッチ処理では通常、ワークフロー内のあるモジュールの出力を表現するものとしてトピックを使います。この出力は、ワークフロー内の他のモジュールの入力になる場合が多いでしょう。

例として、前に取り上げたシャーダパターンを使っていて、出力シャードごとにトピックがあるとしましょう。3つのシャードが存在している状態で出力Photosを呼び出すと、Photos-1、Photos-2、Photos-3の3つのトピックができます。シャーダモジュールは、シャード関数を適用することで、適切なトピックにメッセージを出力するはずです。

ではトピックを作成しましょう。まず、Kafkaにアクセスできるようクラスタ内にコンテナを作ります。

```
for x in 0 1 2; do
  kubectl run kafka --image=solsson/kafka:0.11.0.0 --rm --attach --command -- \
    ./bin/kafka-topics.sh --create --zookeeper kafka-service-zookeeper:2181 \
    --replication-factor 3 --partitions 10 --topic photos-$x
  sleep 10
done
```

トピック名とZookeeperサービスに加え、--replication-factorと--partitionsという興味深いパラメータがあるのに注意して下さい。--replication-factorは、トピック内のメッセージが何台のマシンに複製されるかを指定します。これは、何かがクラッシュした際でもシステムを利用可能にするための冗長度です。3または5が推奨値です。2つめの--partitionsパラメータは、トピックに対するパーティションの数を表します。パーティションの数は、ロードバランシングを目的として複数のマシンにトピックを最大どの程度分散するかを意味します。このケースでは、10のパーティションがあるので、最大で10のレプリカにトピックがロードバランスされる可能性があります。

トピックを作成したので、トピックにメッセージを送信できます。

```
kubectl run kafka-producer --image=solsson/kafka:0.11.0.0 --rm -it --command \
  -- ./bin/kafka-console-producer.sh --broker-list kafka-service:9092 \
  --topic photos-1
```

コマンドが実行されて接続されると、Kafkaのプロンプトが表示され、トピックにメッセージが送れるようになります。メッセージを受け取るには、次のコマンドを実行します。

```
kubectl run kafka-consumer --image=solsson/kafka:0.11.0.0 --rm -it --command \
  -- ./bin/kafka-console-consumer.sh --bootstrap-server kafka-service:9092 \
  --topic photos-1 \
  --from-beginning
```

これらのコマンドを実行するだけでは、Kafkaのメッセージを通じてどのように通信するかの雰囲気が分かるにすぎません。現実的なイベント駆動バッチ処理システムを構築するには、サービスへのアクセスに正式なプログラミング言語とKafka SDKを使うことになるでしょう。ただし、Bashスクリプトの強力さも過小評価しないようにして下さい。

この節では、KafkaをKubernetesクラスタにインストールすることで、どれだけワークキューベースのシステムの構築がシンプルになるかを説明しました。

12章 協調的バッチ処理

11章では、複雑なバッチ処理を実現するためキュー同士を分割したり連結したりするいくつかのパターンを説明しました。いろいろな種類の出力を複製したり生成したりするのはバッチ処理の重要な部分ではありますが、複数の出力を元にして統合された出力を生成するのも同じくらい重要です。そのようなパターンの一般的な構成を図示したのが図12-1です。

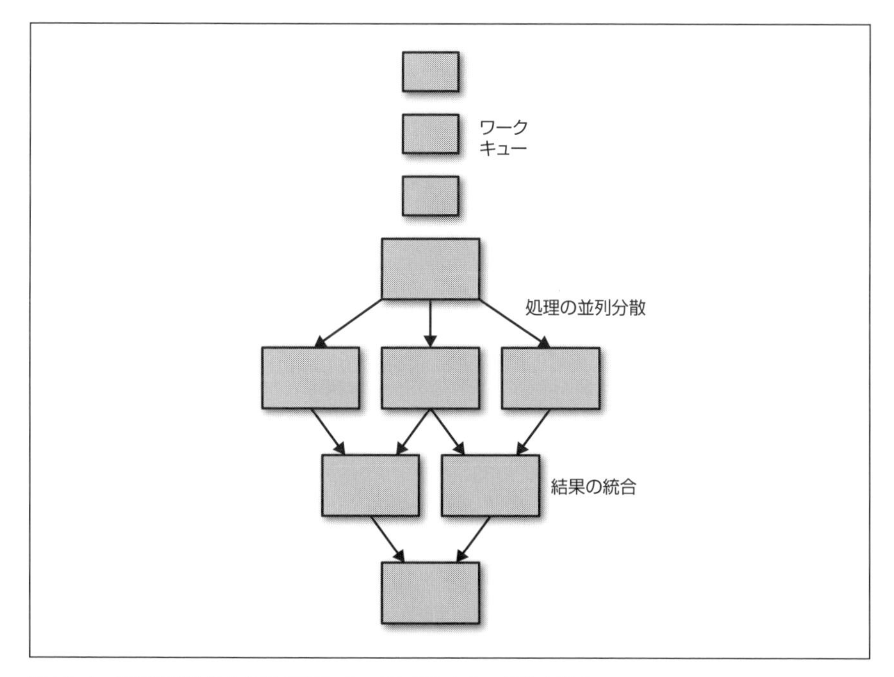

図12-1　並列処理分散と結果の統合バッチシステムの一般的な構成

最も標準的と思われる統合の例が、MapReduceパターンのReduce部分です。Mapステップがワークキューのシャーディングの例であり、Reduceステップは多数の出力を最終的に1つの統合されたレスポンスに減らすという連携処理の例であるのは分かりやすいでしょう。しかし、バッチ処理にはさまざまな統合パターンがあります。この章ではそれらのパターンと、実用的なアプリケーションを取り上げます。

12.1 結合（またはバリア同期）

これまでの章では、処理を分割し、複数のノードに並列に分散するパターンを見てきました。中でも、シャーディングされたワークキューにおいて、別々のワークキューに並列に処理を分散する方法を取り上げました。しかし、ワークフロー内で次のステージに移行する前に、完全なデータセットが準備されている必要がある場合もあるでしょう。

このような場合、11章で取り上げた複数のキューをマージする方法を利用できます。しかし、マージは単に2つのワークキューの出力を1つのワークキューにまとめて別の処理を行うだけです。これで十分な時もある一方で、マージパターンでは処理の前に完全なデータセットが揃っているとは限りません。つまり、処理が行われる際の完全性に保証がなく、処理された全要素に対する統計情報を計算する機会もない可能性があるのです。

これを置き換えるものとして、バッチデータ処理のためのより協調的な仕組みが必要です。それが、**結合**（join）パターンです。結合はスレッドの結合と似ています。基本的な考え方は、すべての処理は並列に行われるけれど、ワークアイテムの並列処理のすべてが完了するまで結合処理からワークアイテムは取り出せない、というものです。このような仕組みは、並列プログラミングの分野では**バリア**（barrier）同期としても知られています。協調的なバッチ処理のための結合パターンを図示したのが図12-2です。

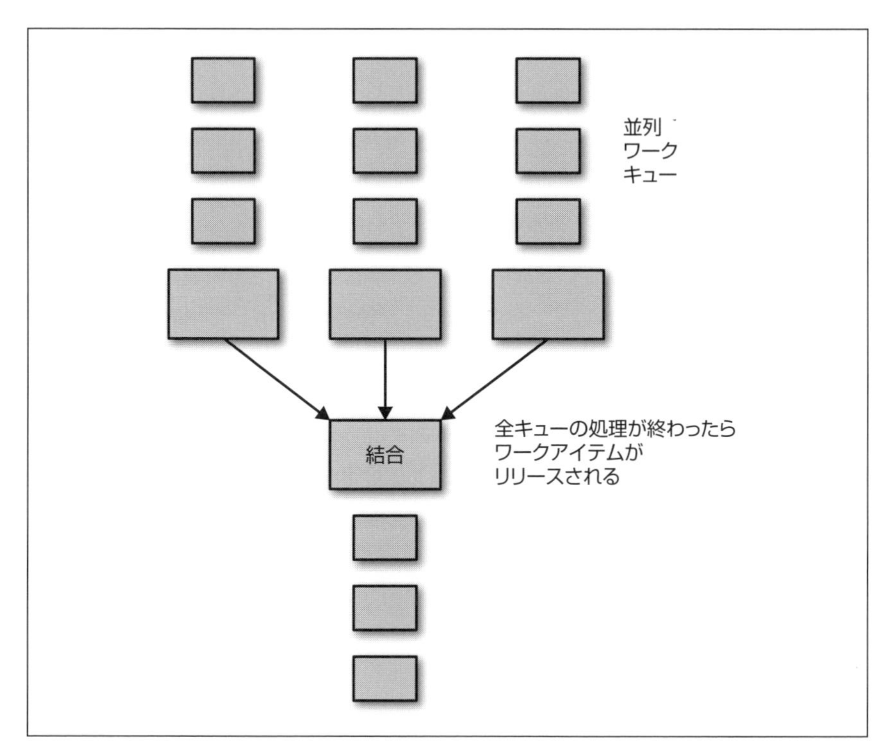

図12-2　バッチ処理のための結合パターン

結合を通じた協調によって、統合フェーズ（例えば集合内の値の和を取るなど）の前にデータが欠けることがなくなります。結合の価値は、データセット内のすべてのデータが揃っていることを保証する点にあります。結合パターンの欠点は、次のステージの処理開始前に、前のステージで処理されたデータがすべて揃っている必要があることです。これによって、バッチワークフローで可能な並列度を下げる可能性があるので、ワークフロー全体の実行レイテンシが長くなります。

12.2 Reduce

ワークキューのシャーディングが標準的なMap/ReduceアルゴリズムのMapフェーズの例なら、Reduceフェーズは何でしょうか。Reduceは協調的なバッチ処理パターンの例だと言えます。これは、入力がどのように分割されているかに関わらず、**結合**と同じように利用される、つまり異なる種類のデータに対するさまざまな並列バッチ処理の出力をまとめる役割があるからです。

しかし、前述した結合パターンと比べると、Reduceのゴールはすべてのデータの処理が終わるのを待つことではなく、並列処理されたデータアイテム全部を1つの総合的なものに楽観的マージを行うことです。

Reduceパターンでは、Reduceの各ステップはさまざまな出力を1つの出力にマージします。出力の総数を減らす（reduce）ことから、この段階をReduceと呼びます。さらにこの段階では、完全なデータセットを、特定のバッチ処理に対する回答を出すために必要な代表データへと小さくします。Reduceフェーズはある範囲の入力に対して動作し、同じような出力を生成するので、データセット全体を1つの出力に減らせるまでいくらでもこのフェーズを繰り返すことができます。

結合パターンと違い、Mapやシャーディングのフェーズの一部がまだ継続中でもReduceを開始できる点は、結合パターンと比べてReduceが恵まれているところです。もちろん、完全な出力を生成するためには、最終的にはすべてのデータが処理される必要がありますが、少しでも早く処理を開始できるということは、全体としてはバッチ処理をよりすばやく実行できることに繋がります。

12.2.1 ハンズオン：カウント

Reduceパターンがどのように動作するのかを理解するため、ある本に出てくる単語の数を数えるタスクを考えてみましょう。単語を数える処理を別々のワークキューに分割するため、シャーディングをまず使いましょう。例としてここでは、シャーディングされた10のワークキューを作成し、単語の数を数える人がキューごとに全部で10人いるとします。ページ番号を元にして、この本を10のワークキューにシャーディングしましょう。1で番号が終わるページは最初のキューに、2で番号が終わるページは2番目のキューに、といったルールです。

全作業者がページの処理を終えたら、その結果を紙に書きます。例えば、次のような形式になるでしょう。

```
a: 50
the: 17
cat: 2
airplane: 1
...
```

これが出力としてReduceフェーズに渡されます。Reduceパターンは、2つ以上の出力を1つの出力にまとめる役割があったことをもう一度思い出して下さい。

2番目の出力として次のようなデータがありました。

```
a: 30
the: 25
dog: 4
airplane: 2
...
```

単語ごとの数をすべて足し合わせてReduceフェーズが実行され、次のような結果が生成されます。

```
a: 80
the 42
dog: 4
cat: 2
airplane: 3
...
```

出力が1つだけになるまで、前のReduceフェーズの出力に対してこの処理を繰り返していけばよいことが分かるでしょう。つまり、この処理は並列に実行できるのです。

この例から、Reduceフェーズの出力が、本に現れる各単語の回数を含む1つの出力に収束していくことが分かるはずです。

12.2.2 合計

Reduceと似ているけれど少しだけ違うのが、異なる値の集合の**合計**（sum）を取る処理です。これはカウントと似ていますが、各値の数を単に数えるのではなく、元の出力データ内にある値を合計します。

例えば、アメリカ合衆国内の人口の合計を得たいとしましょう。各自治体の人口を調べ、それからその人口をすべて合計する流れで算出すると考えて下さい。

まず最初にやることは、州ごとにシャードを作り、自治体のワークキューに処理をシャーディングすることでしょう。これは最初のシャーディングにはよいのですが、並列に分散して処理したとしても1人が各自治体の人口を数えていくには長い時間がかかります。そのため、2番目のシャーディング単位として、郡ごとのワークキューに分割します。

この時点で、第1段階で州ごとに並列化し、その後郡ごとに並列化したことになります。郡ごとの各ワークキューは、(自治体、人口)というタプルで出力のストリームを生成します。

これで出力が得られたので、Reduceパターンを起動できます。

この例では、Reduceは2段階のシャーディングが行われていることを気にする必要はありません。Reduceは単に2つ以上の`(Seattle, 4,000,000)`や`(Northampton, 25,000)`のような出力単位を受け取り、それを足し合わせて`(Seattle-Northampton, 4,025,000)`のような新しい入力を生成すればよいのです。カウントの例と同じく、このReduceは同じコードを同じ間隔で任意の回数繰り返せることが分かります。そうすれば最終的にはアメリカ合衆国の全人口を含む出力が得られるはずです。ここで重要なのは、必要な計算のほぼすべてが並列に行われるという点です。

12.2.3 ヒストグラム

Reduceパターンの最後の例として、並列シャーディングとMap/Reduceによるアメリカ合衆国の総人口を計算するのに加え、平均的なアメリカの家庭のモデルを作りたいとしましょう。このためには、家庭の大きさに対する**ヒストグラム**、つまり、子供の人数ごとの家庭の数を予測するモデルを作る必要があります。前の例と同じ、マルチレベルなシャーディングを利用します(おそらく同じワーカが使えるはずです)。

しかし今回は、データを収集する段階の出力は、自治体ごとのヒストグラムになります。

```
0: 15%
1: 25%
2: 50%
3: 10%
4: 5%
```

前の例を考えると、このデータにReduceパターンを適用すれば、すべてのヒストグラムを結合して、アメリカ合衆国の全体像を明らかにできるはずです。一見してどのようにこのヒストグラムをマージしたらいいのか理解するのは難しそうです。しかし、合計の例から得られた人口データを合わせた時、各ヒストグラムの値に相対人口を掛け合わせることで、マージされる各アイテムに対する総人口を得られることが分かります。この新しい総人口をマージした人口で割れば、複数のヒストグラムをマージして1つの新しい出力を生成できます。したがってこの例でも、出力が1つになるまで何度でもReduceパターンを適用できます。

12.3　ハンズオン：画像のタグ付けと処理パイプライン

協調的バッチ処理を使って大きなバッチタスクをどのように実行できるかを見る例として、画像の集合にタグをつけて処理するジョブを考えてみましょう。ラッシュアワーの高速道路の画像が大量にあり、乗用車、トラック、バイクの数を数えると共に、車種ごとの色の分散も取得したいとします。また、匿名性を保つために車のナンバープレートをぼかすという事前作業もあるとしましょう。

画像は、各URLが元画像を指し示しているHTTPSのURL一覧として渡されます。パイプラインの最初の段階は、ナンバープレートを探してぼかす処理です。ワークキューでの各タスクを単純にするため、ナンバープレートを検出するワーカと、画像内の検出したナンバープレートをぼかすワーカがそれぞれ1つずつあります。この2つのワーカのコンテナを、10章で取り上げたマルチワーカパターンを使って、1つのコンテナグループにまとめます。このような関心の分離は不要に思えるかもしれませんが、ぼかしを行うワーカを別の用途（例えば顔をぼかすなど）にも使えるかもしれないという点で便利です。

さらに、信頼性を高めるのと処理の並列度を最大化するため、複数のワークキューに画像を分散します。このような、シャーディングされた画像をぼかすシステムのワークフローを図12-3です。

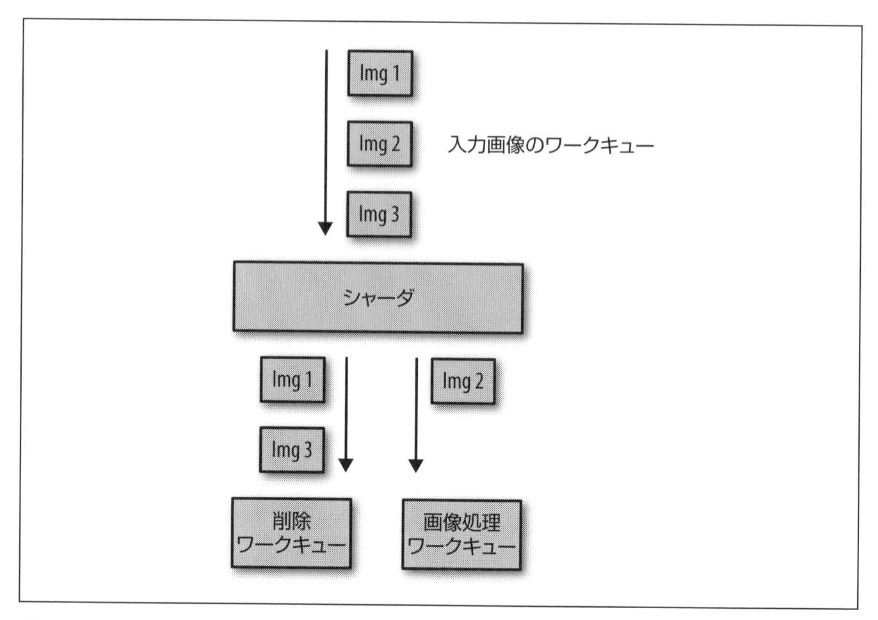

図12-3 シャーディングされたワークキューと、複数のぼかし処理を行うシャード

各イメージのぼかし処理が正常に完了したら、その画像を他の場所にアップロードして、元画像は削除してしまいましょう。しかし、何らかの壊滅的な障害が起きた際にパイプライン全体を再実行できるよう、元画像は**すべての**画像の処理が成功した後に削除したいところです。すべてのぼかし処理が完了するのを待つため、シャーディングされたぼかし処理のワークキューを1つのキューにまとめる部分には、全シャードが処理を完了するまでワークアイテムを解放しない結合パターンを使います。

これで、元画像を削除したり車種や色の検出を行える状態になりました。ここでも、パイプラインのスループットを上げたいので、ワークキューを次の2つのキューに複製するため、11章で取り上げたコピアパターンを使いましょう。

- 元画像を削除するワークキュー
- 車種（乗用車、トラック、バイクのどれか）と色を識別するワークキュー

図12-4は、処理パイプラインのこの部分に関する図です。

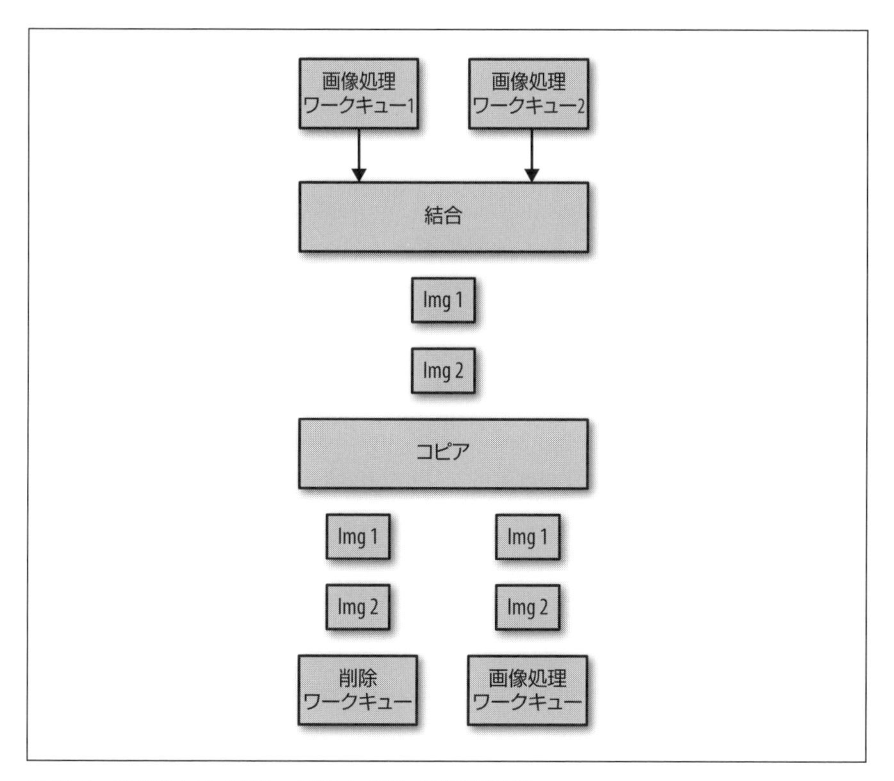

図12-4 パイプラインの結合、コピア、削除、画像認識部分

最後に、車種と色を識別し、それらの統計情報をまとめて最終的な数を出すキューを設計する必要があります。そのためには、まず複数のキューに処理を分散するシャーディングパターンを使います。これらのキューには、それぞれの車の場所と車種を識別するワーカと、色の範囲を識別するワーカの2つがあります。ここでも、11章で説明したマルチワーカパターンを使って、結果を結合しましょう。前と同じように、別々のコンテナにコードを分離することで、車以外の色を認識するなど他のタスクにも色を識別するコンテナを再利用できるようになります。

このワークキューの出力をJSONで表現するなら、次のようになるでしょう。

```
{
  "vehicles": {
    "car": 12,
```

```
    "truck": 7,
    "motorcycle": 4
  },
  "colors": {
    "white": 8,
    "black": 3,
    "blue": 6,
    "red": 6
  }
}
```

このデータは、1枚の画像から得られた情報を表現したものです。このようなデータをすべてまとめるのに、カウントの例と同じようにReduceパターンを使いましょう。このReduceパイプラインの段階では、画像の最終的な数と、全画像から得られた色が得られます。

13章 まとめ：新しい始まり

会社の起源がなんであれ、すべての会社はデジタル企業になりつつあります。この変化に着いて行くためには、モバイルアプリケーション、IoTデバイス、あるいは自動運転や自律システムから使われることになる、APIやサービスを提供する必要があります。このようなシステムの重要性が増すと、オンラインシステムには冗長性を持たせ、耐障害性があり、高可用性があることが求められます。また同時に、ビジネス上の必要性によって、開発や新しいソフトウェアの展開、既存のアプリケーションの改善、新しいユーザインタフェイスやAPIの試みに迅速性が求められます。これらの必要性が同時に生まれると、作られるべき分散システムの数は劇的に増えることになります。

分散システムの構築というタスクは、今でも非常に難しいものです。こういったシステムの開発、更新、運用の総コストは、非常に高くつきます。同様に、このようなアプリケーションを構築できる能力とスキルを持った人の数は、増大する需要に対して少なすぎます。

歴史的に見て、このような状況がソフトウェア開発と技術の世界に発生した時は、ソフトウェア開発を高速で、簡単で、信頼性が高いものにするために、ソフトウェア開発の新しい抽象層とパターンが生まれてきました。この起こりが、最初のコンパイラとプログラミング言語の発達です。その後、オブジェクト指向プログラミング言語とマネージドコード[†1]の進歩が起きました。それぞれのタイミングでは、技術的な進歩によって、専門家の知識や実践法が、広く実務家に利用されるアルゴリズムやパターンへと抽出されて具体化されました。確立されたパターンと組み合わさった技術的進歩は、ソフトウェア開発のプロセスを民主化し、新しいプラットフォーム上でア

†1　訳注：Java VMや.NET CLRのようなガベージコレクションやメモリ保護の機能を持った仮想マシン上で動作するコードのこと。

プリケーションを構築する開発者の幅を広げました。これによって、より多くのアプリケーションが開発され、さらにはアプリケーションに多様性が生まれ、開発者のスキルに対するマーケットも広がりました。

私たちは今、技術的変革の最中にいます。分散システムへのニーズは、私たちが分散システムを作れる能力を大きく超えています。幸い、技術の進歩によってさまざまなツールが作られており、このような分散システムを構築する能力のある開発者の数を増やしています。最近のコンテナやコンテナオーケストレーションの進歩は、分散システムの開発をより高速に、簡単にするツールを提供しています。このようなツールは、この本で紹介してきたパターンや実践法と組み合わせることで、現在の開発者たちによって作られる分散システムが改善できると共に、分散システムを作れる全く新しい開発者を産んでいます。

サイドカー、アンバサダ、シャーディングされたサービス、FaaS、ワークキューなどのパターンは、モダンな分散システムを作る際の基盤になります。分散システムの開発者は、もはや個別のシステムをゼロから作る必要はありません。その代わり、私たちがデプロイするシステムすべての基盤となる、再利用可能で共有された実践的パターン上でコラボレーションすればいいのです。そうすれば、信頼性が高くスケーラブルなAPIやサービスに今日求められる要求を満たし、未来に向けて新しいアプリケーションやサービスに力を与えられるようになるのです。

訳者あとがき

『分散システムデザインパターン』いかがでしたでしょうか。

この本は、コンテナを強く意識して書かれてはいますが、タイトルが表す通り分散システム一般でのパターンを表したものであり、必ずしもコンテナを使ったシステムのみに適用されるものではありません。特に第Ⅱ部、第Ⅲ部に書かれている各種パターンは、コンテナを使わない分散システムでも広く使われているものです。また、冒頭の第1部の内容は逆に分散システム以外にも適用できる汎用的なパターンばかりが取り上げられています。その意味ではこの本自体、分散システムやコンテナという枠にとどまらず、インフラ寄りの立場でいかにシステム内あるいはシステム間の「関心の分離」（separation of concerns）をするかの考え方を提供してくれる、幅広い読者の人に向けたものだとも言えるのではないかと思います。

本文にも書かれていましたが、デザインパターンが確立されたことがオブジェクト指向プログラミングの広まりに貢献したのと同じように、この本に書かれているようなパターンが日本のIT技術者の間でも広く使われるようになることで、コンテナやKubernetesのようなオーケストレータ、あるいは分散システムの設計がもっとやりやすいもなることを期待してこの本を翻訳しました。この本がきっかけで日本でもこれらのパターンが広く認知され、コンテナを含む分散システムなどの設計で使われるようになれば、翻訳者としてうれしい限りです。

鋭い指摘で翻訳の質を高めるお手伝いをしてくれるとともに、たくさんの技術的なアドバイスをくださったレビュアの方々に、今回も大変お世話になりました。『入門 Kubernetes』の翻訳に引き続いてレビュアを快諾してくださったゼットラボ株式会社の須田一輝（@superbrothers）さん、原著のベースになった論文をいち早くブログで取り上げ日本語で紹介した経験を元にレビューしていただいた吉田慶章

（@kakakakakku）さん、私が翻訳することになる前から原著を読み翻訳のきっかけをくださった上でレビューもしていただいた株式会社カブクの吉海将太（@yoshikai_）さんには、この場を借りて感謝を伝えたいと思います。また、いつものように丁寧なやりとりと編集をしていただいているオライリー・ジャパンの高様にも改めて感謝します。

2019年4月
松浦隼人

索　引

し

す

せ

そ

た

ち

て

と

に

は

ひ

ふ

へ

ほ

ま

も

ゆ

り

る

れ

ろ

わ

● 著者紹介

Brendan Burns（ブレンダン・バーンズ）

マイクロソフトのDistinguished Engineerであり、Kubernetesオープンソースプロジェクトの共同創設者。マイクロソフトではAzureを担当しており、特にコンテナとDevOpsに焦点を当てている。マイクロソフトの前はGoogleのGoogle Cloud Platformチームで、Deployment ManagerやCloud DNSといったAPI構築を支援していた。クラウドコンピューティングの世界で働く前は、GoogleのWeb検索インフラ、特に低レイテンシなインデックス構築に取り組んでいた。ロボティクス分野での専門性に対してマサチューセッツ大学アマースト校からコンピュータ科学のPhDを受けている。現在は、妻であるRobin Sanders、2人の子供、鉄の前足で家庭を取り仕切る猫のMrs. Pawsとシアトルで暮らしている。

● 訳者紹介

松浦 隼人（まつうら はやと）

日本語と外国語（英語）の情報量の違いを少しでも小さくしたいという思いから、色々なかたちで翻訳に携わっている。人力翻訳コミュニティYakst（https://yakst.com/ja）管理人兼翻訳者。本業はインフラエンジニアで、Web企業にて各種サービスのデータベースを中心に構築・運用を行った後、現職ではRuby on Rails製パッケージソフトウェアのテクニカルサポートを行っている。訳書『SQLパフォーマンス詳解』（https://sql-performance-explained.jp/）、『入門 Kubernetes』『入門 監視』（オライリー）。Twitterアカウントは@dblmkt。GitHubアカウントは@doublemarket。

● **表紙の説明**

表紙の動物は、文鳥（英名 Java sparrow）です。Java sparrow の学名は Padda oryzivora。野生の文鳥は嫌われていますが、ペットとしては愛されています。Padda は米の栽培方法、Oryza は米の品種を表しており、Padda oryzivora は「田を食べつくすもの」を意味します。農家は、鳥の群れが作物を食い荒らすのを防ぐために、毎年何千もの野生の文鳥を駆除しています。捕えた文鳥は食料とされたり、国際的に取引されます。それでもインドネシアのジャワやバリ、オーストラリア、メキシコ、北アメリカで繁殖を続けています。

羽は黒く、正面はピンクがかり、尾は白色です。ほほは白く、頭部は黒。くちばしは大きく、足と目の周りは明るいピンク色です。文鳥の鳴き声は、鐘のような単一の音で始まり、高音の深い音と混ざって、連続的な震え声になります。

主に米を食べますが、小さな種、草、昆虫、顕花植物も食べます。野生の文鳥は屋根の下や乾いた草の茂みなどに巣を作ります。2月から8月の間（ほとんどは4～5月）に1回の産卵で3～4つの卵を産みます。

分散システムデザインパターン
——コンテナを使ったスケーラブルなサービスの設計

2019年4月19日　初版第1刷発行

著者	Brendan Burns（ブレンダン・バーンズ）
訳者	松浦 隼人（まつうら はやと）
発行人	ティム・オライリー
印刷・製本	株式会社平河工業社
発行所	株式会社オライリー・ジャパン 〒160-0002　東京都新宿区四谷坂町12番22号 Tel　(03)3356-5227 Fax　(03)3356-5263 電子メール　japan@oreilly.co.jp
発売元	株式会社オーム社 〒101-8460　東京都千代田区神田錦町3-1 Tel　(03)3233-0641（代表） Fax　(03)3233-3440

Printed in Japan（ISBN978-4-87311-875-8）
乱丁、落丁の際はお取り替えいたします。